# PROPOS

#5

## POUR UNE RÉPUBLIQUE ÉCOLOGIQUE

# PROPOS #5

## POUR UNE RÉPUBLIQUE ÉCOLOGIQUE

### Écologie ou barbarie

**Sous la direction de Claire Monod et Frédéric Kalfon**
**En partenariat avec Erwan Lecœur**

{ LES Petits matins }

Ce numéro 5 de la revue *Propos* est le fruit d'un partenariat fécond et enthousiasmant entre l'Institut Cité Écologique et Erwan Lecœur, sociologue et politologue, spécialiste de l'extrême droite et de l'écologie, avec qui a été organisée une série de six webinaires entre septembre 2023 et juin 2024 qui a permis les interventions de nombreux spécialistes reconnus dont les articles inédits sont présentés dans ce numéro. Le conseil d'administration de l'Institut Cité Écologique tient à les remercier toutes et tous très chaleureusement.

Couverture : Frédéric Kalfon
Illustrations couverture et intérieur : © Magali Brueder
Suivi, maquette et correction : Stéphanie Lebassard


Les petits matins, 10, rue de Chantilly, 75009 Paris
www.lespetitsmatins.fr

ISBN : 978-2-36383-406-5
ISSN : 2825-9920

Diffusion Interforum – Volumen
Distribution Interforum

## SOMMAIRE

## Introduction
## CETTE HISTOIRE QUI BÉGAIE
**Claire Monod**[1]

> «Aujourd'hui des ombres rôdent. Des mots sont lâchés qui provoquent des violences, des mots sont lâchés qui nous habituent aux peurs pour celles et ceux qui sont visés et aux haines pour celles et ceux qui les épousent. La puissance des mots est telle qu'il suffit de termes bien choisis pour faire accepter les choses les plus odieuses. La démocratie est une conversation où l'on doit pouvoir penser contre soi-même[2].»
>
> Edwy Plenel

«Écologie ou barbarie», comme un clin d'œil à l'histoire politique qui bégaie[3]. Celle-là même en train de se transformer sous les coups de boutoirs d'un nouveau cycle géopolitique qui place le monde et l'Europe sous très haute tension. Quelques crises plus tard, les enjeux se sont aiguisés, les centralités déplacées et les atteintes aux écosystèmes démultipliées, sans que les précédents n'aient été

1. Claire Monod est co-présidente de l'Institut Cité Écologique, directrice de la rédaction de la revue *Propos*, conseillère de la Région Île-de-France (2010-2020), écologiste et architecte.
2. Intervention d'Edwy Plenel à l'occasion des États généraux de la presse indépendante le 27 novembre 2023, à Paris.
3. *Socialisme ou Barbarie*, revue politique fondée et dirigée par Cornelius Castoriadis et Claude Lefort de 1949 à 1965.

soldés. L'ultralibéralisme s'est mondialisé pendant que la biosphère s'est atrophiée. Il est permis de raviver l'actualité des combats politiques antérieurs sur au moins deux points intemporels. La quête d'une alternative émancipatrice de transformation de la société et, plus que jamais, l'affirmation sans concession de l'antitotalitarisme.

L'écologie politique porte aujourd'hui ce projet face à l'ensemble des crises profondes qui se cumulent et sapent les fondements des grandes démocraties. Elle affronte en première ligne ce contexte inédit où l'humanité se retrouve, pour la première fois de son histoire, face à un nouveau pouvoir, celui « de modifier l'état de la planète plus rapidement, plus durablement et irréversiblement qu'à aucune autre époque de son histoire [...]. Une forme d'excès de pouvoir donné à des humains [...] sans que l'on sache comment nous sommes capables de nous assembler politiquement pour prendre en charge une telle capacité de nuisance et d'action, une telle responsabilité [...]. Un pouvoir que nous ne sommes pas du tout prêts à prendre : celui de devenir collectivement une force géologique[4] » : l'Anthropocène.

À ce vertige de transformation nécessaire rappelée par les scientifiques du monde entier[5] répondent pour l'heure de bien timides et tâtonnantes politiques publiques des États ou de l'Union européenne, dont les effets sont immédiatement attaqués et bruyamment exploités. L'écologie qui gagne les esprits dérange ce système et ses rentes, et devient la cible prioritaire des tenants du business et des affaires. La « réaction » est promptement orchestrée, les marchands

4. Bruno Latour, « Où est le pouvoir ? Et que peut-on en faire ? », dans Jean Birnbaum (dir.), *Où est le pouvoir ?*, Gallimard/Folio essais, 2016.
5. Voir la synthèse du 6e rapport du Groupe intergouvernemental d'experts sur l'évolution du climat (Giec) publiée le 20 mars 2023.

de doute déployés, les médias d'opinion abondamment financés, les réseaux sociaux surchauffés, les lobbys favorisés, les menaces systématisées, l'État de droit bafoué, les activistes criminalisés. La violence se généralise, favorisant le recours aux rhétoriques autoritaires et aux politiques identitaires, populistes, voire néofascistes.

Face au besoin de redéfinition des enjeux du siècle, l'essoufflement simultané de la social-démocratie et des conservateurs a fait émerger un espace politique extrêmement clivé, entretenu en France, par un président d'« extrême centre[6] » qui s'en repaît. Pour sa propre survie, il oppose « à l'alternative droite-gauche, une rationalité technocratique et dépolitisée qui rassemble les acteurs les plus proches entre eux dans ces oppositions, pour en rejeter aux extrêmes – donc réduire à l'impuissance – les acteurs les plus radicaux[7] » dans lesquels il inclut les écologistes. Le chaos engendré par son choix « jupitérien » de dissolution de l'Assemblee Nationale n'en est qu'une énième démonstration illustrant ce glissement insidieux qui rejoint, ailleurs dans le monde, les régimes illibéraux des autocrates adeptes de cette forme d'autoritarisme censée répondre aux peurs qu'eux-mêmes suscitent.

Ce cinquième numéro de la revue *Propos pour une République écologique* a pour objet, au travers de thèmes singuliers traités par des personnalités reconnues, d'opérer un face-à-face : revenir non seulement sur les processus de dégradation qui exacerbent et manipulent les peurs, érode

6. Pierre Serna, *L'Extrême Centre ou le Poison français – 1789-2019*, Champ Vallon, 2019.

7. « Extrême centre » est employé pour classer des individus, des groupes, des mouvements, des organisations et des partis politiques se réclamant du centre du spectre politique par conviction ou par opportunisme et dont le côté extrême renvoie à une « intolérance à tout ce qui ne cadre pas avec un juste milieu arbitrairement proclamé ». (source : Wikipédia)

la confiance citoyenne et les ressources planétaires, mais concomitamment rappeler et valoriser l'adéquation des réponses portées par l'écologie politique face aux enjeux du siècle. Quel que soit l'angle retenu, la lutte écologiste consiste à démonter les processus de destruction et de domination qui caractérisent la barbarie de nos sociétés. Et surtout à en proposer d'autres pour, avant tout, éteindre les conditions de leur émergence, celles qui leur permettent d'être entendus et de prospérer. La réponse écologique consolidée est nécessaire, au risque de voir s'effondrer l'hégémonie culturelle humaniste.

## Face au versant « barbarie », il y a le versant « écologie »

L'effort porte donc sur la clarification des enjeux et la caractérisation des pratiques derrière lesquelles se tapissent les profiteurs de tous poils et leurs actionnaires, pour y opposer une autre réponse, faite avant tout de courage, de lucidité et d'imagination. Face au repli identitaire et à la barbarie consumériste, s'ouvrent les voies pour rompre l'engrenage et remplacer le productivisme par la sobriété. Face à la violence dans les champs, la barbarie de l'agriculture intensive productiviste et ses pesticides, se déploie une agroécologie portée par des agriculteurs courageux. Face à la concentration des médias qui menace la pluralité de l'information et la liberté des journalistes à investiguer, sorte de barbarie médiatique qui veut imposer sa ligne politique, émerge une presse libre et indépendante, écologiste. Face à la barbarie climaticide qui accompagne l'augmentation des gaz à effet de serre, se développent des pratiques citoyennes et des transformations des modes de vie. Face au populisme opportuniste des partis d'extrême droite,

fondés sur la haine de l'autre, le nationalisme, le racisme, l'antisémitisme et les pratiques politiques qui amènent à la dictature et la barbarie, l'écologie depuis 40 ans est devenue politique. Face aux enjeux « nationalisés » à outrance du projet des extrêmes droites en Europe, les écologistes alertent sur le projet de ceux-ci qui n'est plus de « quitter l'Union européenne mais de la détruire de l'intérieur[8] ».
Nous sommes au moment où l'accélération et l'approfondissement sont indispensables pour concrétiser la trajectoire de l'écologie politique. Ce moment où les réactions sont de plus en plus fortes, où les réactionnaires font du Pacte vert un objet de focalisation, de dénigrement et d'opposition frontale. Où l'extrême droite s'en empare pour en faire sa bête noire. Ce moment où le choix, écologie ou barbarie, est plus concret que jamais. Le défi de plus en plus aigu. Pour l'avenir du vivant et de la démocratie, l'écologie mérite un projet de société abouti, résistant.
À cette heure, force est de constater au niveau européen qu'une partie de la société est prête à céder aux sirènes populistes. L'écologie politique appelle une refondation sur la base d'un projet de société qui valorise son potentiel et s'inscrive dans une logique de « désir » et de transformation aujourd'hui incluse au sein du Nouveau Front populaire.

8. Intervention de Mélanie Vogel lors du meeting de Marie Toussaint (Les Écologistes) le 2 juin 2024, à Aubervilliers.

## État des lieux
## ÉCOLOGISME EN BERNE, NÉOFASCISME EN FORCE
**Erwan Lecœur**[1]

Le 9 juin 2024, le couperet des élections européennes est tombé. Les écologistes ont perdu des sièges et l'extrême droite en a gagné. Le camp libéral perd du terrain, mais les forces politiques majeures restent en place (Parti populaire européen –PPE– et Parti socialiste européen –PSE). En France, la liste écologiste a frôlé les 5% –ce qui l'aurait privée d'élu·es, au même niveau que la liste Reconquête! menée par Marion Maréchal.

La défaite sonne dur aussi pour le camp macroniste (13,6%) face au Rassemblement national (RN) et la liste de Jordan Bardella (31,4%). Le soir même, sans consultation ni justification solide, le président Macron dissout l'Assemblée nationale, provoquant une crise inédite et brutale dans le pays. L'extrême droite se retrouve alors grande favorite du scrutin législatif à venir, aux portes du pouvoir. En face, un Nouveau Front populaire rassemble la gauche et les écologistes et tente de faire mentir les pronostics. Comment en est-on arrivé là?

1. Erwan Lecœur est sociologue et politologue, spécialiste de l'extrême droite et de l'écologie, consultant et enseignant chercheur en communication (ICM-UGA) et membre du laboratoire GRESEC (Groupe de recherche sur les enjeux de la communication).

## En France, une élection confisquée par les enjeux hexagonaux

En France, la campagne a été monopolisée par le RN et son « référendum anti-Macron » qui s'est révélé mobilisateur (31,4 %). La France insoumise a parlé de Gaza (9,9 %) et Raphaël Glucksmann[2] de l'Ukraine (13,8 %). Les écologistes ont tenté d'évoquer un veto social ou une TVA écolo. Mais la classe médiatique était occupée par la « bardellisation » du pays.

Avec la dissolution brutale prononcée par Emmanuel Macron, exit l'Europe. La France repart pour une campagne express, avec, au bout, le risque d'une majorité pour l'extrême droite. Le coup de poker est périlleux.

Les écologistes affaiblis, la gauche désunie, tiraillée entre le mélenchonisme agressif et le retour des éléphants du Parti socialiste (PS), le macronisme en berne… Le RN et ses alliés potentiels (Reconquête !, une partie des Républicains – LR) ont tout à gagner de ce chaos politique en plein milieu des Jeux olympiques de Paris… Le pari d'Emmanuel Macron pourrait tourner au cauchemar. Une cohabitation avec le RN marquerait un tournant dangereux, sans retour. Comment, dans ces conditions, espérer construire une digue, faire entendre l'écologie et résister à la vague d'extrême droite déjà en cours, et même prévue, mais initialement pour 2027 ?

## L'Europe échappe aux « anti-Europe »

L'Union européenne reste gouvernée par une majorité composite dans laquelle la droite (PPE) tient le rôle principal. Le changement n'est pas considérable. Renforcé, le camp conservateur poursuit l'exercice des compromis

2. Place publique-Parti socialiste.

au cas par cas avec les libéraux et les sociaux-démocrates pour s'opposer au projet des groupes d'extrême droite qui œuvrent plus que jamais à démanteler les acquis sociaux et environnementaux. La coalition qui prend la tête de l'Union en juillet 2024 commence par la présidence (tournante) de la Hongrie pro-russe de Viktor Orban. Les grands projets européens esquissés ces dernières années (Pacte vert pour l'Europe, droits fondamentaux) doivent pouvoir résister à la pression de l'extrême droite. Mais le risque d'un coup d'arrêt aux ambitions sociales et environnementales n'est pas écarté.

## Un monde en voie de fascisation

La progression des scores de l'extrême droite dans plusieurs pays d'Europe n'est pas nouvelle. Elle a pris un rythme accéléré ces dernières années, en Italie, en France, aux Pays-Bas ou en Autriche, notamment. En Hongrie, un ancien libéral anti-communiste autoritaire est au pouvoir depuis plus de 20 ans. Ailleurs dans le monde, ce tournant radical a pris place à la tête de plusieurs pays importants : en Inde, le régime nationaliste hindouiste de Narendra Modi est au pouvoir depuis dix ans ; en Turquie, un autocrate islamiste, Recep Tayyip Erdogan règne depuis trois mandats ; en Russie, Vladimir Poutine a imposé son régime guerrier par les urnes ; aux États-Unis et au Brésil, Donald Trump et Jair Bolsonaro ont montré récemment de quoi étaient capables ces grandes « démocraties » électives. Sans même parler de l'Argentine (Javier Milei), d'Israël (Benyamin Nétanyahou) ou de nombreux autres pays d'Afrique, d'Arabie ou d'Asie. Les peuples de ces pays ont choisi des dirigeants d'un type particulier : en rupture avec une certaine élite traditionnelle, ces leaders d'opinion médiatiques ont adopté un style martial et utilisé les instruments de la propagande politique la plus débridée pour imposer leur agenda dans des médias taillés pour l'exercice, trop heureux de l'audimat généré par ces trublions.

## Les invasions barbares

Depuis les années 1980, le retour en force des idées de l'extrême droite et de la droite affairiste dans de nombreux pays est un phénomène bien documenté. L'éventualité d'un retour en force de ces idées au sein des sociétés démocratiques de la fin du XXe siècle apparaissait pourtant comme impossible. Ces visions rétrogrades, passéistes et réactionnaires, nationalistes et xénophobes semblaient anachroniques, ultraminoritaires, frappées d'un sortilège d'invisibilité depuis la Seconde Guerre mondiale. Ces nouveaux « barbares » qui mettaient en cause la civilisation en voie d'évolution vers les acquis sociaux, et les mœurs de sociétés en voie de sécularisation, étaient minoritaires, voire folkloriques. Ils ne semblaient pas en mesure de faire vaciller la « cité démocratique » et le règne de la Raison, ni en Europe, ni ailleurs.

Pourtant, en quelques décennies, entre la fin du XXe siècle et le début du XXIe siècle, il y eut quelques coups de semonce, des alertes. Le 21 avril 2002, la France a vécu le choc d'un second tour entre Jacques Chirac et Marine Le Pen. Qui aurait pu prévoir? Il y avait bien eu quelques analystes[3] pour montrer que l'accident était possible, qu'il n'était pas une erreur de campagne mais procédait d'un mouvement

3. Erwan Lecœur, « Le Front national : sens et symboles. La construction d'un repli identitaire "ethnico-religieux" dans la France de la fin du XXe siècle », thèse de doctorat en sociologie, 2002 ; Erwan Lecœur, *Un néo-populisme à la française. Trente ans de Front national*, La Découverte, 2003.

de fond trop ignoré, parfois instrumentalisé, une tendance forte et une propagande à l'œuvre.

En France, comme en Europe et dans le reste du monde, des forces politiques réactionnaires et nationalistes, identitaires et autoritaires ont désormais envahi le champ politique, influencé la société et pris le pouvoir dans de nombreux pays[4].

## Des ogres de Barbarie, bouffons tyranniques

Ces leaders ont en commun une manière de se présenter et de proposer des solutions simples à des problèmes complexes[5]. Ils sont comme des ogres de légendes « mangeurs de vent[6] » et de tout ce qui rappelle la raison et la justice. Tout ce qui permet aux sociétés d'être civilisées et s'apparente à de la réflexion, de la bonne intelligence, ou des faits objectifs. Leur vérité est « alternative » et leurs propos n'ont qu'un but : montrer leur force dévorante, leur détermination. Ils deviennent de fait des « bouffons tyranniques[7] », champions de la nouvelle propagande audiovisuelle et des nouvelles technologies de l'information et de la communication. Leur credo : la guerre contre un « système » élitaire, forcément corrompu, qui complote pour garder le pouvoir, incarné par l'État profond (ou *Deep State*). Ils en appellent à la mobilisation des « patriotes », « fiers »

4. En 2020, alors que l'épidémie de covid-19 frappait le monde, les cinq principales puissances mondiales (États-Unis, Chine, Brésil, Russie, Inde) étaient dirigées par un régime autoritaire, avec ou sans élections libres.
5. Donald Trump proposait par exemple d'injecter de l'eau de Javel dans les poumons des malades du covid-19.
6. Boris Cyrulnik, *Le Laboureur et les Mangeurs de vent. Liberté intérieure et confortable servitude*, Éditions Odile Jacob, 2022.
7. Christian Salmon, *La Tyrannie des bouffons. Sur le pouvoir grotesque*, Les Liens qui libèrent, 2020.

(*Proud Boys,* aux États-Unis), à la nation unie[8] des «purs» contre les hors castes[9], en s'appuyant sur les «*re-born*», ces adeptes fanatiques des sectes charismatiques évangéliques au Brésil et aux États-Unis, ou des adeptes de la religion, pour constituer une communauté politique sacralisée[10]. Ces populismes nationalistes utilisent une propagande postmoderne, forme de religiosité politique qui les fait passer pour des prophètes auprès de leur «peuple». Leur attrait, c'est leur détermination, leur force parfois surjouée (viriliste, masculiniste, militariste ou mafieuse).

Le psychothérapeute Wilhelm Reich avait dépeint dès les années 1930 comment agissent la «psychologie de masse du fascisme» et la séduction opérée par ces chefs sur les «petits hommes» qui les suivent aveuglément. Dans le style «trublion médiatique en politique», Silvio Berlusconi a tracé la voie dès les années 1990, exhibant un mélange d'affairisme ultralibéral et de xénophobie machiste, jouant de l'apport d'un empire médiatique et usant de la vulgarité comme arme de séduction massive, agrémenté de collusions mafieuses et de *combinazione* politiques, de scandales et de storytelling en forme de feuilleton à épisodes : Silvio et les femmes, Silvio et les juges, Silvio et la politique... Il a ouvert la voie à un réveil des passions nationalistes et à la dérégulation ultralibérale médiatisée. L'empire de Rupert Murdoch (Fox News), les oligarques russes, puis les milliardaires de tous les pays ont suivi l'exemple du «*Cavaliere*», jusqu'à Vincent Bolloré et son protégé Éric Zemmour, polémiste médiatique devenu égérie de la droite extrême.

8. *Russie unie*, pour Vladimir Poutine.
9. En référence à l'«Hindouité» (*Hindutva*, en Hindi), en Inde.
10. Orthodoxe en Russie, hindoue en Inde, musulmane en Turquie, juive en Israël...

## L'Histoire revient avec bruit et fureur

La chute du mur de Berlin et la victoire du camp capitaliste annonçaient une ère de paix et de prospérité. La «fin de l'Histoire[11]» promettait que les sociétés libérales et démocratiques seraient l'aboutissement de tout le bruit et la fureur du XXe siècle. Mais un autre prophète de ces temps postmodernes, Samuel P. Huntington[12], professait une autre foi: celle du «choc des civilisations». Et ses nombreux apôtres ont travaillé à l'avènement de cette vision: populistes identitaires, fanatiques et adeptes des nouvelles religions politiques ont gagné la bataille des récits, aidés par la réalité... L'attentat du World Trade Center en 2001 a marqué la fin de la parenthèse de la Pax Americana[13] et le début du XXIe siècle, qui s'est ouvert dans les cendres et le sang. En miroir de cette menace terroriste, un désordre mondial s'est propagé, dans lequel les conflits (Irak, Afghanistan, Syrie, etc.), les guerres d'influence (Europe vs Russie, Inde vs Chine, etc.), l'expansion des organisations criminelles mondiales (mafias et trafiquants) et la compétition économique entre puissances (Chine vs États-Unis) ont réveillé le spectre d'un chaos global ayant des impacts locaux, tel le battement d'ailes du papillon provoquant un ouragan... Nos sociétés hyper médiatiques sont devenues ultrasensibles à l'analogie des images, et l'infobésité a entraîné des angoisses et des paniques mondiales, à l'image d'une pandémie, bien réelle, celle du covid-19.

---

11. Selon Francis Fukuyama, 1992.
12. Ancien expert auprès du Conseil national de sécurité américain.
13. La Pax Americana est principalement employée par connotation à la Longue Paix établie depuis 1945 entre les grandes puissances mondiales après la Seconde Guerre mondiale (1939-1945).

Les paniques globales qui guident nos imaginaires collectifs et fragilisent nos sociétés sont de trois ordres[14] : écologique, identitaire et socio-économique (montée des inégalités et peur du déclassement). Si la dernière ramène au traditionnel clivage gauche-droite, les deux premières dessinent des réponses très différentes qui entraînent deux visions du monde opposées, voire concurrentes.

## Crise écologique ou crise identitaire

Depuis le début du siècle, le monde semble plongé dans une lutte entre deux visions radicalement opposées de la crise principale qui menace l'avenir et entraîne un déclin de nos sociétés. L'idée la plus largement partagée dans la population est celle qui fait de la crise écologique l'enjeu principal, dépassant les clivages politiques et les conflits traditionnels. La collapsologie[15] en est l'expression la plus récente et partagée[16]. Cette vision du monde qui reprend une partie des valeurs de la gauche traditionnelle sur certains aspects (progressisme sociétal et social, droits humains, etc.) propose de modifier radicalement nos modes de vie et considère l'écologie (dimension environnementale et sociale, sobriété, protection de la nature, etc.) comme la seule réponse capable de relever le défi majeur qui menace la survie de l'humanité.

L'autre vision en lice part d'une crainte et du constat d'un « déclin » de la civilisation, d'un risque de perte d'identité et d'authenticité de nos sociétés, de perte des valeurs traditionnelles (familiales, locales) dû aux changements trop

14. Selon Alain Caillé, *Extrême droite et autoritarisme partout, pourquoi ? La démocratie au risque de ses contradictions*, Le Bord de l'eau, 2023.
15. Approche qui étudie l'effondrement de nos sociétés et civilisations ; une hypothèse réaliste et imminente pour 65 % des Français (Ipsos, 2019).
16. Voir les travaux de l'auteur et chercheur Pablo Servigne.

rapides (nostalgie d'un âge d'or) ou à l'arrivée massive de personnes étrangères (de religion ou culture différentes). Ces peurs et cette angoisse de «perte» de statut social, de reconnaissance, entraînent un repli identitaire et de la xénophobie, qui mènent à des formes d'exclusion, de guerres symboliques (religieuses, nationalistes ou tribales), et la remise en cause du caractère démocratique et pluraliste des sociétés contemporaines. Ce qui rappelle les mouvements «fascistes» du début du xx$^{e}$ siècle.

Ces deux visions s'opposent en quasi-totalité, et si la vision écologiste[17] l'emporte en termes de valeurs dans l'opinion (51 %), c'est pourtant la demande identitaire-sécuritaire (39 %) qui gagne des points dans les urnes et les médias. Un paradoxe supplémentaire qui montre que l'imaginaire (ou la préoccupation) n'entraîne pas automatiquement les victoires politiques ou sociales.

Il faut un mouvement social, de la communication, une mobilisation autour de ces enjeux, pour transformer les représentations et les modes de vie. Et sans doute aussi l'avènement d'une véritable «classe écologique» pour mener le combat culturel et politique de l'écologisme, comme le préconisait le regretté Bruno Latour[18]. Mais à la lecture des contributions qui suivent, on peut se demander : n'est-il pas trop tard ?

---

17. La «perspective utopique», selon les termes de L'Observatoire Société et Consommation (L'ObSoCo).
18. Bruno Latour et Nikolaj Schultz, *Mémo sur la nouvelle classe écologique. Comment faire émerger une classe écologique consciente et fière d'elle-même*, La Découverte, 2022.

CHAPITRE 1

# TERRITOIRE DE CONQUÊTE

## Témoignage
## LA CRIMINALISATION DE L'ÉCOLOGIE

**Marie Pochon[1],**
**avec la participation de Catherine Sonnet**

La pression envers les écologistes, issus du monde associatif ou politique, est devenue de plus en plus forte ces derniers temps et empreinte d'un certain mépris, voire de menaces. La banalisation de cette violence envers les écologistes résonne comme un « laisser-aller » face à une forme de maltraitance, un abandon par l'État de ses responsabilités pour la sécurité des biens et des personnes. En tout cas celles engagées pour la cause écologiste.

**Marie Pochon** : J'ai participé à un certain nombre d'actions, en tant que militante, avec Alternatiba[2] au moment de la COP21, puis dans Notre affaire à tous[3], dont j'ai été directrice puis secrétaire générale. J'ai accompagné Terre de luttes, qui vient en soutien localement face à de grands projets imposés, inutiles et destructeurs, menant au Soulèvements de la Terre, dont Europe Écologie-Les Verts est un soutien. Je suis actuellement une des vingt co-président·es de l'Association

1. Marie Pochon est une femme politique et militante écologiste, députée de la 3e circonscription de la Drôme (Nupes – Les Écologistes) élue en 2022 et engagée sur les questions de ruralité et d'agriculture.
2. Mouvement citoyen non violent de mobilisation sur le dérèglement climatique.
3. Association utilisant le droit comme levier pour la lutte contre le changement climatique.

pour la défense des terres, avec un certain nombre de personnalités du monde de la culture, des arts, des intellectuels. Nous sommes deux députés : Maxime Laisney (La France insoumise) et moi-même.

Je voulais revenir sur cette question de justice climatique. Mon engagement est multiple et mon mandat est politique ; il n'y a pas de contradiction avec les actions de désobéissance civile.

Dans le système institutionnel de la Vᵉ République, le combat pour construire un droit climatique est légitime face aux carences du droit existant. Les institutions n'ont pas les outils pour s'attaquer aux crises climatique et environnementale. C'est le combat de Notre affaire à tous qui a permis de faire condamner l'État pour « inaction climatique ». Grâce à ces actions de désobéissance civile et à celles telles que les décrochages des portraits du président de la République, il a été enfin reconnu que l'illégalité se situe du côté de l'État français, désormais soumis à des amendes importantes.

Du côté des décrocheurs de portraits qui ont été poursuivis, sur les 31 procès intentés, 6 ont été relaxés au nom de l'état de nécessité et la liberté d'expression. Les 21 personnes poursuivies pour avoir repeint des bidons de Roundup (produit à base de glyphosate dont l'interdiction est sans cesse repoussée bien que votée) ont été relaxées.

Les actions organisées par les militants écologistes sont criminalisées, sous la pression des lobbies agricoles, des semenciers et des fabricants de phytosanitaires – tenants d'un modèle qui détruit les conditions même de l'agriculture – et qui exercent un lobbying permanent auprès du gouvernement, tandis que leurs actions ultraviolentes ne sont jamais réprimées. La dissolution des Soulèvements de la Terre, demandée par le ministère de l'Intérieur en 2023, a fort heureusement été retoquée par le Conseil d'État le 9 novembre 2023.

Cette propension à s'en prendre aux militants écologistes est mondiale. Selon Global Witness, plus de 1 730 militants écologistes ont été assassinés un peu partout dans le monde depuis 2012 en raison de leur militantisme. De son côté, France Nature Environnement dans la période 2015-2022 a décompté 52 cas d'agressions, d'atteintes aux biens et diverses menaces parmi ses membres. Par exemple, le 18 janvier 2020, des militants anti-chasse ont été roués de coups par des veneurs, ou encore, le 30 janvier 2023, un céréalier connu pour sa lutte anti-pesticides a été agressé par trois hommes qui l'ont obligé à ingérer des substances toxiques, et encore, le 24 mars 2023, la journaliste et spécialiste de l'agro-industrie Morgan Large découvre pour la seconde fois le sabotage de sa voiture.

Publiquement aussi, le 25 mars 2023, une quarantaine de pêcheurs ont jeté des centaines de caisses de poisson vides contre le domicile de la présidente de Sea Shepherd, association de défense des océans. Et le 31 mars, le siège de l'Office français de la biodiversité de Brest a été incendié par un collectif de pêcheurs en colère. La liste est longue. Que dire encore des menaces envers Marine Tondelier[4] proférées par la Coordination rurale, qui contrôle la Chambre d'agriculture du Lot-et-Garonne ? Un déferlement de haine surréaliste au quotidien envers les militants qui atteint même parfois des représentants de l'État.

Que se passe-t-il ? Si on observe une recrudescence d'actes violents vis-à-vis des organisations et militant·es écologistes, l'atteinte aux personnes sur leur lieu de vie privée

4. Marine Tondelier est secrétaire nationale des Écologistes.

est également en hausse. Différents facteurs, législatifs ou géopolitiques, comme la guerre engagée par la Russie qui joue sur les cours des matières premières agricoles, sont certainement des facteurs aggravants. Nul ne peut ignorer les inquiétudes d'un monde paysan en perte de repères, mais les attaques aux personnes ne sont ni pertinentes, ni admissibles humainement et politiquement parlant.

Où est la protection de l'État? Son manque de réaction devenant de facto une autorisation tacite à s'en prendre aux acteurs de l'écologie pose question. Le recours à la violence organisé par Gérald Darmanin pour réprimer et taxer de terroristes les opposants au projet politique porté par le gouvernement, porte atteinte aux fondements démocratiques. La création de la cellule Demeter et tout ce que cela a pu engendrer de violences faites aux écologistes est un signal politique de plus.

Sans parler de la loi «séparatisme» ou du «contrat d'engagement républicain» qui limitent et criminalisent l'action des élus écologistes, ainsi que des associations écologistes, puisque toute action de désobéissance civile se voit contrevenir audit contrat républicain.

C'est ainsi, en s'appuyant sur la forme et en bafouant le fonds, que les «propres et sages» élu·es du Rassemblement national se retrouvent de fait inclus dans «l'arc républicain», au contraire de ceux qui veulent défendre les valeurs de notre République. Opérer un tel renversement a contribué à leur ouvrir grand les portes du pouvoir.

Nous faisons face à cette barbarie à chaque instant, avec notre engagement pour un monde plus désirable et vertueux, où le bien-être des personnes, la prospérité de la biodiversité ont plus d'importance que les superprofits des industriels de l'agriculture. Dans leur sillage, ces élu·es du

RN emmènent, par le mensonge et la propagande, des agriculteurs qui cherchent à vivre convenablement et honnêtement de leur métier, mais qui se retrouvent étouffés par l'endettement et sous la pression des agro-industriels qui stigmatisent l'action des écologistes et la désignent comme source de tous leurs maux.

La FNSEA, par exemple, et d'autres syndicats agricoles également, ont toujours eu recours à la violence. Dès 1967 la gendarmerie a défini ces derniers comme un «commando fortement organisé» (incendies de motos de gendarmes à Quimper cette année-là) qui profite d'une omerta généralisée jusqu'au plus haut niveau de l'État et qui continue de mener, en toute impunité, des actions violentes tant à l'égard des symboles de nos institutions (bâtiments publics, préfectures, élu·es…) que des citoyens engagés dans des actions qui ne leur conviennent pas.

Nous luttons contre un système économique basé sur la combinaison de la prédation et du patriarcat au sein de gouvernements tout acquis à sa cause. Violence et barbarie en sont l'expression. Rien qui ne puisse remettre en cause les convictions généreuses et altruistes du combat écologique que nous menons.

## Témoignage
# VIOLENCE OU CONVICTION
**Benoît Biteau[1], avec la participation de Catherine Sonnet**

Tous les élus vous le diront, la violence envers leurs personnes s'est intensifiée. De la parole aux actes, il n'existe plus guère de retenue, les menaces sont, a minima, leur lot quotidien. Mais toutes les violences ne bénéficient pas du même traitement judiciaire, et les attaques d'élus, selon leurs convictions, ne trouvent pas le même écho, ni dans les médias, ni auprès des représentants de la loi. Benoît Biteau est à la fois paysan et élu. Il a accepté de livrer à *Propos* son témoignage poignant et édifiant de la violence envers les acteurs du changement. Dans son cas, celle des tenants de l'agro-industrie bien organisés face à celles et ceux qui s'engagent avec courage et conviction dans l'agroécologie pour la préservation de la santé, des sols, de l'air, et prioritairement de l'eau pour œuvrer concrètement à l'habitabilité de la planète. Nous lui laissons la parole.

**Benoît Biteau** : Je suis paysan bio, agronome et élu de la République française depuis 2010. D'abord comme vice-président de la Région Poitou-Charentes devenue partie

1. Benoît Biteau est paysan, agronome et homme politique.

de la Nouvelle Aquitaine, puis comme député écologiste européen élu en 2019, et premier vice-président de la Commission de l'agriculture et du développement rural au Parlement européen.

Je vais vous décrire ces phénomènes de barbarie, d'intimidation et leur impact rencontrés à tous les niveaux de responsabilité, ce que j'ai pu endosser ces dernières années. Si je manie l'humour en ces moments de grande tension, c'est pour créer une distance avec tout cela et continuer à défendre mes convictions sans faiblir.

J'ai commencé à côtoyer ce type de problème alors que j'étais fonctionnaire au Parc naturel régional du Marais poitevin, où j'ai été recruté à l'époque par l'État français alors sous le coup d'un contentieux européen sur la gestion du Marais poitevin, en particulier la gestion de l'eau. J'avais la charge de rédiger des documents, des mesures et des solutions afin que l'État sorte de ce contentieux. Ce qui fut chose faite en 2005 avec force promesses sur une gestion équitable et durable de l'eau, basée sur la restauration d'un fonctionnement efficace du grand cycle de l'eau. En raison du non-respect de ces engagements apparaît alors le solutionnisme techniciste basé sur une nouvelle fuite en avant : les mégabassines. Puis la situation s'est envenimée jusqu'à se révéler parfois dramatique.

Dès la rédaction de ce rapport, j'ai commencé à côtoyer les représailles, les menaces et les intimidations, et j'ai l'habitude de raconter que mon ordinateur avait tendance à très souvent sauter par la fenêtre de mon bureau pour se retrouver sur le trottoir deux étages plus bas. C'est-à-dire que des gens, des militants plutôt affiliés à la FNSEA[2], des chasseurs aussi car j'avais aussi en charge le document

2. Fédération nationale des syndicats d'exploitations agricoles.

d'objectif Natura 2000[3], venaient régulièrement faire prendre l'air à mon ordinateur. Les chasseurs, justement, qui ne voulaient pas qu'on avance sur ce dossier, ont quand même organisé, lors de sa validation officielle, une prise d'otages en préfecture de Niort dont je n'ai pu sortir qu'au bout de 10 heures ! Tout cela pour demander finalement une augmentation de périmètre de 70 000 à 110 000 hectares de la zone Natura 2000, trouvant le dispositif « vachement bien ».

Peut-on parler des petits plaisirs de la vie ?

Par la suite, j'ai voulu passer à l'acte. Je suis devenu paysan. J'ai repris une structure industrielle et productiviste que j'ai transformée en une ferme écocitoyenne vertueuse. D'abord envers la biodiversité et le climat, mais surtout plus respectueuse des consommateurs que des marchands de pesticides, d'engrais de synthèse et de semences[4]. Il est possible de tourner le dos à l'agriculture industrielle et productiviste, celle qui mobilise beaucoup d'eau d'irrigation, de pesticides et d'engrais de synthèse.

Instantanément, j'ai commencé à recevoir des menaces de mort anonymes par écrit ou par au téléphone. Reconnaissez que ça peut faire bizarre quand, dans le même temps, je deviens lauréat du Trophée national de la culture durable en 2009 et que Ségolène Royal me propose, juste avant les élections régionales de 2010, de devenir vice-président de la Région Poitou-Charentes pour les sujets d'agriculture.

C'est là que les choses se sont vraiment gâtées. Le projet politique était de promouvoir un réseau de développement

3. Outils fondamentaux de la politique européenne de préservation de la biodiversité, les sites Natura 2000 visent une meilleure prise en compte des enjeux de biodiversité dans les activités humaines.

4. Benoît Biteau, *Paysan résistant !*, Fayard, 2018.

agricole alternatif en engageant les ressources économiques de la Région dévolues à l'agriculture. Les menaces de mort sont montées d'un cran, me poussant à déposer plainte et à communiquer autour de ces violences, ce qui a un peu calmé le jeu.
Me voilà devenu en 2019 député européen à la suite de José Bové, essayant de faire changer les choses sur de petits sujets pas du tout polémiques, comme la politique agricole commune (PAC) et son budget de plus d'un tiers du budget global européen, l'eau, les pesticides, les OGM…
Et là, on voit encore monter la tension. Il est difficile d'en parler tant la violence vous atteint dans ce qu'il y a de plus intime. Les calomnies, les mensonges, la diffamation, les tentatives de disqualifier et de discréditer l'élu que je suis, le paysan que je suis, l'homme que je suis. Les réseaux sociaux sont des armes sans limite. Après les insultes viennent les appels à la haine et à la violence, les appels au meurtre. Et on porte plainte. Parce qu'on est obligé de porter plainte. Et il ne se passe rien. De classement sans suite en classement sans suite. Et cela recommence puisque l'impunité est reine et que personne ne souhaite arrêter la mécanique infernale. Ces personnes pensent qu'elles peuvent passer à l'acte. Concrètement, en trois ans on m'a tiré deux fois dessus, dont une fois alors que je déjeunais avec ma compagne et un couple d'amis. Le gendarme qui m'avait assuré de sa protection au moment de mon élection me disait qu'il ne pouvait rien faire. La gendarmerie ne s'est même pas déplacée. Encore un dépôt de plainte, pourtant qualifié d'«attentat», classé sans suite puisqu'il n'y a pas eu de blessé…
Quelques mois plus tard, en 2021, est venu le temps de l'assèchement financier. Un lot de 15 tonnes de sarrasin

est saboté par un ajout de graines de datura, impossibles à trier. L'impact économique est conséquent, la perte économique représente aussi un gâchis immense en termes de respect de l'alimentation. Puis, à nouveau en 2022, des graines de datura extrêmement toxiques sont semées dans nos champs qui en sont indemnes. Je poursuis les dépôts de plainte : enquête, classement sans suite. De la petite taquinerie, direz-vous. En septembre 2022, des bouteilles d'allume-feu pour barbecue sont lancées dans l'enceinte de ma ferme. Une ferme brûle bien. Le message est clair. Encore un dépôt de plainte… On ne sait jamais… Plus récemment, en mai 2023, un troupeau d'une quarantaine de bovins qui paissaient sur une zone de marais est « libéré », se retrouvant errant sur une route nationale. On peut imaginer ce que cela provoque en termes de sécurité publique. Encore une plainte, toujours rien.

On voit donc bien la mécanique : le numérique, le dark web et les gens qui passent à l'acte, ou tout au moins des manipulateurs qui spéculent sur le fait que des esprits peu avisés peuvent passer à l'acte. Ces stratégies sont aussi appelées « *astroturfing* », dont nous prendrons tel quel l'anglicisme qui émaille le numérique. Ce sont des communautés qui se créent sur un sujet. Par exemple, la communauté de défense des glyphosates créée par Bayer et diffusée auprès des agriculteurs qui se reconnaissent dans ces pratiques. Au départ, ce ne sont pas des agriculteurs mais bien des industriels peu scrupuleux pour lesquels seul compte le profit, quels que soient les moyens d'y parvenir. On peut aussi évoquer les « *agritwittos* » très, très présents sur les réseaux. À ce niveau-là, ce sont des entreprises de communication qui sont à la manœuvre. Nous avons pu les débusquer en remontant les fils de transmission.

On a donc une petite idée de ce qui se trame et comment les gens arrivent à nous atteindre. Quand on vit tout cela et qu'on est paysan, on est d'autant plus désemparé que l'État français (ministère de l'Intérieur) a conclu un accord avec la FNSEA pour « protéger les agriculteurs des risques de destruction et d'invasion par des activistes sur leur site » en créant la cellule Demeter[5]. Et là, l'officier de gendarmerie qui a reçu ma dernière plainte me répond, quand je lui fais remarquer qu'en tant qu'agriculteur je vis quand même des trucs assez incroyables alors que la cellule Demeter est normalement là pour nous protéger : « Mais, Monsieur Biteau, vous n'êtes quand même pas sérieux ! La cellule Demeter, c'est pas pour vous, vous êtes écologiste ! »
Il ne s'agit pas d'une longue litanie visant à un discours de victimisation. C'est le simple parcours d'un homme engagé, élu de la République et représentant cette dernière au Parlement européen. Ses convictions à faire partager sa vision d'un monde meilleur, plus habitable, plus respectueux de la nature et des hommes qui l'ont en partage. Qui protégera le protecteur ? Pourquoi ne pas attendre la faillite, la solitude et le découragement ? C'est bien cela qui est en question. La violence est institutionnalisée, non réprimée, et elle se déroule dans une indifférence quasi générale.

5. Cellule de renseignement de la Gendarmerie nationale créée en 2019. Elle se donne pour objectif d'identifier et de poursuivre les agressions, intrusions et dégradations sur les exploitations agricoles.

# CHAPITRE 2
# MOTS ET MÉDIAS

## LES MOTS DE LA HAINE

**Isabelle Kersimon[1]**

Immédiatement après la Seconde Guerre mondiale, outre la dimension coloniale portée notamment par l'Organisation de l'armée secrète (OAS) en Algérie, l'extrême droite s'est reconstituée sur un premier cheval de bataille, le négationnisme, qui s'est, lui, rapidement internationalisé grâce aux réseaux fascistes et nazis en exil, sous couvert d'échanges intellectuels[2]. L'autre grand moment de la reconstruction idéologique de l'extrême droite a été la contestation intellectuelle très élaborée de Mai-68, se revendiquant d'Antonio Gramsci, avec la constitution du Grece[3]. À partir de ce moment, l'extrême droite a déjà reconquis une partie du monde médiatique.

Ma thèse est que, dans ce creuset, l'extrême droite a développé les thématiques, les notions, les syntagmes et la fabrique de ce que j'appelle «l'alt-réalité» qui ont cours aujourd'hui. C'est là que je situe cette revivance, ancrée

1. Isabelle Kersimon est journaliste et auteure. Elle étudie depuis 2005 les intégrismes religieux et particulièrement les mouvances autour du concept d'islamophobie. Elle travaille sur la montée des discours identitaires antimusulmans. Elle a récemment publié *Les Mots de la haine. Glossaire des mots de l'extrême droite* (Rue de Seine éditions, 2023).

2. À noter qu'on retrouve celui-ci à l'ultra-gauche, notamment avec la Vieille Taupe.

3. Groupement de recherche et d'études pour la civilisation européenne, dont l'appellation médiatique est souvent «Nouvelle Droite», fondé en 1969, avec comme tête pensante Alain de Besnoit notamment .

aujourd'hui dans notre société où elle a su quitter les marges pour occuper le centre des discours, rassemblant et entraînant derrière elle une frange importante d'acteurs politiques et sociaux, y compris à gauche. Entre-temps, il sera question d'Alain Soral, d'Éric Zemmour et de nombreux « passeurs de haine ».

## Des concepts pour comprendre

L'autre thèse que je défends repose sur des notions conceptualisées :

1. « L'alt-réalité »/« l'alt-monde », qui n'est pas celle qui, en référence à George Orwell, se focalise sur la désinformation par l'information fausse (l'infox), considérée comme valide en ce qu'elle *pourrait être vraie*, c'est-à-dire les *faits alternatifs* qui génèrent une *interprétation* de la réalité dans un but politique donné, mais une opération cognitive, une construction langagière totale qui, par infusions successives, produit une *réalité psychique perçue comme vraie* en dépit de tout élément factuel et dont les gamètes, implantées au long des fécondations par certaines figures d'autorité (arbitraire, voire stupéfiante), engendrent un rapport dysmorphique à la réalité.

Résultat : de courageux *résistants* nationalistes et xénophobes, issus d'une tradition politique d'adhésion au vu de l'Allemagne nazie, feraient face à des *collabos* européistes portant les valeurs du Conseil national de la Résistance (CNR) – et de la République française. En quelque sorte, au plus loin de notre histoire politique, l'alt-réalité serait l'expression la plus aboutie des idées contre-révolutionnaires. En bref, dans l'alt-monde, le pouvoir serait exercé de manière dictatoriale par des démocrates manipulés par des minorités.

2. Les «armes et opérations sémantiques», à ne pas confondre avec les *narratifs*, lesquels sont constitués de récits mis en scène, sur des sujets précis par des États ou des groupes d'influence, pour justifier certaines de leurs actions. À ne pas confondre non plus avec la notion de *propagande*, qui utilise des figures tutélaires, des narratifs et des syntagmes pour convaincre et embrigader les sujets/citoyens d'un pouvoir quelconque, la plupart du temps autoritaire et liberticide. Non, ce n'est pas cela. Selon moi, les «armes et opérations sémantiques» construisent un «influencement sémantique» sans coercition, à la fois créateur de l'alt-réalité et fondé sur elle. Elles ont peu à peu contaminé l'ensemble du débat public. Quelles sont ces armes et ces opérations? La désinformation, bien sûr, avec les moyens contemporains de sa diffusion massive réverbérée par les médias sociaux et portée par des groupes relais organisés; la perversion du sens des mots et des luttes progressistes; les falsifications historiques; l'inversion des valeurs associées à ces luttes et à leur histoire; le mépris de la factualité jusqu'à l'inversion pure et simple des faits. En bref: le chaos dans les consciences politiques.
Résultat: l'extrême droite n'existerait plus ou, si elle existe, elle se situerait désormais *en réalité* à gauche.
3. Les «néolaïques», toujours prompts à porter l'épée sur leur gauche et acteurs cruciaux de la diffusion de l'alt-réalité dans un large éventail politique, dont je décrypte le rôle joué dans la dégradation du débat public et dont je dénonce les dangers du militantisme: danger démocratique, d'une part, dans la mesure où ils ont imposé leurs narratifs autour de «la laïcité» et des «valeurs de la République», narratifs vides de substance et aux résultats répulsifs; danger sécuritaire, d'autre part, dans la mesure où ils ont

imposé une indistinction effroyable entre laïcité, islamité et terrorisme. J'appelle «néolaïques» les personnalités, groupes, associations[4] qui ont fait leur apparition principalement via Facebook, entre décembre 2015 et mars 2016, autour d'une revendication bruyante de la laïcité visant exclusivement l'islam. L'un de leurs paradoxes est d'avoir abandonné un combat historique et moteur de la laïcité – la défense de l'école publique – et de soutenir des personnalités connues pour leurs idées ou actions anti-laïques au nom d'un combat commun fantasmé comme une nouvelle «Résistance» face à un envahisseur invisible, protéiforme et menaçant: l'islamité. Les néolaïques ont développé et répandu, en réaction aux attentats du 13-Novembre, une panique morale emprunte de terreur et de paranoïa dans une surenchère croissante de violence verbale, en entretenant une confusion fautive et dangereuse entre les questions de laïcité, d'islamité et de terrorisme djihadiste, imposant l'image d'une France janusienne dont le seul désaccord politique se situerait entre «Républicains» et «ennemis de la République». Les néolaïques représentant les premiers, et le reste du monde les seconds.

## Comment ces phénomènes agissent-ils, dans leur globalité?

Ces phénomènes agissent, d'une part, avec ce qu'on pourrait appeler l'arme sémantique suprême – le clivage expressionniste permanent qui consiste à histrioniser l'événement

4. Par exemple Céline Pina, Fatiha Boudjahlat, Zineb el-Rhazoui, Réseau 1905, Esprit-laïque, Unité-laïque, La France de *Marianne*, Observatoire des fondamentalismes (Bruxelles) et, dans une certaine mesure, le Printemps républicain. Sur ce dernier, voir l'enquête en quatre volets que j'ai réalisée avec Romain Gaspard et Pierre Maurer: «Le Printemps républicain dévoile», *Slate.fr*, février-mars 2021.

mineur (en l'occurrence le fait divers dont l'extrême droite a toujours raffolé), en lui conférant une importance symbolique, soulignée par un vocabulaire inflationniste et souvent des signes de ponctuation tels que le point d'interrogation (pour marquer une fausse question) ou le point d'exclamation (pour insister sur l'aspect cosmique du propos). Le but est de polariser la société, en exacerbant les griefs supposés entre «communautés de pensée». Les contenus non violents, l'humour et la mièvrerie sentimentaliste peuvent tout aussi bien alterner.

D'autre part, ils agissent avec la pratique assidue de l'euphémisation. Enfin, en jouant sur la propension médiatique à chercher, sur les médias sociaux, non pas l'expertise, non pas la profondeur ou l'originalité de la pensée, mais le bruit massifié par le ventriloquisme. Le résultat est une forme subreptice d'interdiction du débat démocratique et de l'expression du désaccord argumenté, qui rencontre dans un duetto parfait, la propension de plus en plus visible au népotisme et à l'enfermement sociologique.

Enfin, ils agissent avec les haines irrationnelles qui dégradent l'espace public en fomentant un climat de guerre civile, caractérisé par la traque, l'invention et la désignation d'ennemis à abattre (les juifs, les musulmans, les Noirs, les Arabes, les femmes, les féministes, les LGBTQI+[5], les «gauchistes»).

## Quelles sont les notions, les concepts, les syntagmes qui constituent ces armes sémantiques ?

J'ai conçu *Les Mots de la haine* comme un manuel d'autodéfense intellectuelle accessible à tous et qui peut se lire de trois manières différentes :

5. Lesbienne, gay, bisexuel, trans, queer, intersexe, asexuel, et autres.

1. De la première à la dernière page : il s'agit d'une analyse politique qui dévoile et explicite les armes et opérations sémantiques de l'extrême droite, ainsi que la cartographie de ses réseaux politiques et médiatiques.
2. Par chapitres thématiques que le lecteur peut aborder selon ses préoccupations, ou dans l'ordre :
– Antiféminisme et haine des femmes : crucial si l'on désire comprendre les enjeux fondamentaux des sociétés patriarcales que l'extrême droite souhaite renforcer et leurs potentielles conséquences terroristes ;
– Défiance politique, qui ne concerne pas l'expression d'une déception d'ordre programmatique mais relève de la guerre culturelle, du combat civilisationnel livré par l'extrême droite ;
– Défiance médiatique, opportunément servie par le développement de l'*infotainment* et des médias sociaux. L'extrême droite utilise un certain nombre de leviers pour mettre à mal un secteur déjà en difficulté, le secteur journalistique, en raison de la concentration, du manque de moyens, mais aussi en raison de l'éditorialisation à outrance, venu remplacer le journalisme ;
– Anti-intellectualisme toujours assorti d'antiféminisme et d'antisémitisme, par exemple, avec les notions de bobos, d'hommes sojas, de trahison des élites, de bon sens, etc. ;
– Haine antisémite, où je décrypte notamment les notions de nouvel antisémitisme, d'État profond et le silence assourdissant des acteurs dont il est question dans le livre sur les attentats antisémites d'extrême droite. Je travaille, plus encore depuis le 7 octobre 2023, sur l'expression politiquement globale de l'antisémitisme ;
– Haine antimusulmane : il s'agit bel et bien d'une haine fondée sur la religion ou la pratique religieuse des personnes et

non pas d'un racisme fonction de leur origine géographique, de leur ethnie ;
– Nouveaux mots du racisme : le racisme biologisant des inspirateurs du nazisme tels qu'Arthur de Gobineau a cédé la place, notamment avec la Nouvelle Droite, à des considérations d'ordre plus culturaliste qu'organiciste, dont l'écume alimente des discours très construits sur les minorités ;
– Paysages anxiogènes puisque, en effet, toutes les notions décrites précédemment sont répétées *ad nauseam* et qu'elles font appel aux émotions, aux *sentiments* et aux *ressentiments*. Elles créent ce que d'aucuns appellent des « paniques morales », un terme que je trouve insuffisamment précis ;
– Ralliements bellicistes : une fois posé le cadre des paysages anxiogènes, il s'agit ici de l'emploi de certaines notions et de leur diffusion dans l'ensemble de la société et du débat démocratique dans un double mouvement de victimisation et d'héroïsation que je qualifie de janusien et qui est caractéristique de toute propagande de guerre ;
– Voyage en alt-réalité : les réalités de nos sociétés démocratiques, ainsi que les épreuves auxquelles elles font face (terrorisme, pandémie, effondrement écologique et creusement des inégalités) telles que décrites quotidiennement par l'ensemble des locuteurs répétant en boucle les éléments de langage du présent ouvrage, sont engrammées[6] par une part grandissante de la population, séduite par les discours politiques du Rassemblement national et de Reconquête ! qui revendiquent de « décrire le réel ». Dans ce qui, du point de vue des obsessions politiques, s'apparente à une alt-right et un tea-party à l'américaine,

6. L'engramme est la trace biologique de la mémoire dans le cerveau. (Source : Wikipédia)

ce n'est pas le « réel » qui plante le décor, mais une réalité factice, alternative, une alt-réalité, un alt-monde tissé patiemment depuis une cinquantaine d'années ;
– Les mots de la guerre : de Donald Trump à Vladimir Poutine, une projection dans les temps à venir, préparés aujourd'hui par les complices de ces puissants autocrates, en guerre contre la démocratie.
3. Par entrées indexales : le lecteur peut donc (re)découvrir la gamme de mots et notions autour du wokisme ; retracer l'histoire de l'islamo-gauchisme ou du néo-féminisme ; appréhender le récent francocide ou faire un voyage dans la guerre civile raciale avec le racisme antiblanc et l'anti-occidentalisme. Plus de cent termes sont indexés.

## UN AUTRE JOURNALISME EST-IL POSSIBLE ?

**Anne-Sophie Novel[1],**
**avec la participation de Catherine Sonnet**

Pour tout militant contemporain, l'accès à l'information semble couler de source : médias sociaux, presse spécialisée, webinaires… Qu'en est-il du citoyen peu rompu à ces outils qui cherche à s'informer sur l'écologie ? Quels sont ses accès à une information fiable tournée vers les questions du climat, les enjeux liés à la biodiversité, aux limites planétaires, aux injustices sociales, les défis industriels et sociaux dans un monde en pleine mutation, tant du point de vue écologique que politique ?

Quand les plus grandes fortunes s'emparent des organes de presse, de diffusion radio ou télé, du monde de l'édition, quelle est la place de la parole et du débat écologique ? Les médias sont-ils définitivement la proie des lobbys qui œuvrent à ne pas gêner ni la course au profit ni leur choix politique sans égard pour l'environnement, la santé, la liberté de l'information ?

Avec Anne-Sophie Novel[2], économiste et journaliste, nous nous interrogeons sur la manière de faire exister la parole écologique dans le monde des médias. Comment mettre

1. Anne-Sophie Novel est économiste de formation, journaliste spécialisée dans les alternatives écologiques et les médias. Auteure et réalisatrice au service de l'intérêt général, elle est militante du bien s'informer.
2. Anne-Sophie Novel, *Les médias, le monde et nous*, Actes Sud, 2019.

l'écologie à la une et éclairer ces alternatives qui émergent un peu partout dans le monde ? Comment faire pour que le sujet devienne prioritaire dans nos sociétés ?
La prise de conscience qui s'élargit favorise l'émergence de collectifs citoyens qui interpellent les médias et les décideurs sur leur responsabilité. Ils révèlent un besoin d'information pluraliste et une forme de défiance vis-à-vis des mondes politiques et médiatiques, qui éloignent chaque jour un peu plus les citoyens des rendez-vous électoraux. La démocratie est en danger, les véritables enjeux du monde s'éloignent.
Rappelons que les journalistes, les personnages politiques, les hauts fonctionnaires en responsabilité aujourd'hui n'ont eu que partiellement accès à la formation sur les sujets de l'écologie lors de leurs études. Ces questions, restées longtemps marginales, créent un vide dans les discours et les débats. Où trouver des experts ? Comment construire le débat contradictoire et faire vivre les controverses ? Comment organiser la pensée autour des sujets de l'écologie sans tomber dans les dérives complotistes, la désinformation, les manipulations diverses ?
Pour interroger la place de l'écologie dans les médias, il faut faire un détour pour comprendre l'écologie des médias. C'est le système médiatique dans son ensemble qui empêche l'émergence de cette parole pour tout un tas de raisons liés au système économique de la presse, notamment aux actionnariats comme aux annonceurs. Les médias audiovisuels mainstream encore regardés par la majorité des Français·es ne parlent pas suffisamment, ou pas suffisamment bien, des questions d'écologie et de climat. Nous sommes un peu comme dans le film *Don't Look Up*[3] : ce n'est pas une comète qui est en train d'arriver,

3. Adam McKay, *Don't Look Up : Déni cosmique*, Netflix, 2021.

c'est le changement climatique et l'extinction du vivant. Comment se fait-il que le traitement des médias ne soit pas à la hauteur des enjeux ?

En 2022, constatant qu'aucun dispositif dans le journalisme n'encadrait la couverture médiatique adaptée aux enjeux du siècle (à l'instar d'autres professions comme la cuisine, l'urbanisme ou autres) afin de mieux intégrer les contraintes et permettre de changer la couverture éditoriale, un collectif de professionnels de l'information s'est réuni pour rédiger la Charte pour un journalisme à la hauteur de l'urgence écologique[4], signée par 1 800 journalistes, des dizaines de rédactions, des écoles, des syndicats, etc. En treize points, cette Charte rappelle les fondamentaux d'une couverture médiatique adaptée au monde fluctuant dans lequel nous sommes entrés. L'idée est d'offrir une boussole pour mieux prendre en compte ces questions, avec plus de transversalité, de pédagogie, d'attention portée aux visuels et à la sémantique, tout en veillant aux éléments de langage et aux angles qui questionnent véritablement les modèles plutôt qu'à insister sur « l'écologie des petits gestes » sans interroger les modèles systémiques. Il s'agit pour l'ensemble de la profession de prendre ses responsabilités et de changer de posture.

Cette Charte est sortie deux semaines après l'annonce de Radio France de son tournant écologique, puis de nombreux médias comme *Sud Ouest* en janvier 2023, *Ouest France* en février, *La Montagne*, mais aussi France Télévisions, TF1, Altice Média, etc. Beaucoup de rédactions ont pris un certain nombre d'engagements – sans qu'aucune n'ait encore vraiment réussi à remettre en cause les annonceurs, c'est-à-dire le modèle économique des médias.

4. https://chartejournalismeecologie.fr

Ce mouvement a entraîné une vaste campagne de formation dans les rédactions, au niveau national comme local. D'autres rédactions, dans le monde audiovisuel, y sont venues en raison du « contrat climat » qu'elles doivent respecter. Beaucoup de médias ont pris des engagements malgré la pression de leurs annonceurs, les personnels ont fait montre de leur envie de comprendre, de progresser et de mettre en œuvre la visibilité des sujets écologiques. Il s'agit véritablement d'une bataille culturelle où les rapports de force restent pourtant encore très déséquilibrés. Nombre d'intervenants défenseurs de l'écologie se retrouvent piégés dans des discours sanctifiant l'inaction climatique, souvent dans des débats autour du nucléaire ou des intrants dans l'agriculture. Là où les lobbys sont les plus puissants et s'emploient à activer le sentiment de peur (fin de l'autonomie alimentaire ou énergétique, décroissance comme frein au bonheur…) tout en s'autorisant à qualifier les défenseurs de l'écologie d'« agents anxiogènes ».

Dans leur ouvrage *Les Gardiens de la raison*[5], les journalistes Stéphane Foucart, Stéphane Horel et le sociologue Sylvain Laurens ont mis l'accent sur la fabrique et la diffusion d'informations prétendument scientifiques par les lobbys industriels, comme l'industrie du tabac, des énergies fossiles ou les pesticides. Ils étudient la mécanique à l'œuvre, l'instauration d'un rapport de force et les logiques de propagande. Il ne s'agit pas uniquement de donner accès aux informations scientifiques sur l'écologie, mais d'identifier toute la galaxie de contre-discours qui entretiennent l'inaction climatique, les mécaniques complotistes, le greenwashing, le *cherry picking*[6].

5. Stéphane Foucart, Stéphane Horel et Sylvian Laurens, *Les Gardiens de la raison. Enquête sur la désinformation scientifique*, La Découverte, 2020.
6. En rhétorique ou dans toute forme d'argumentation, le *cherry picking* (littéralement « cueillette de cerises »), ou picorage, est un procédé de

Il est indispensable de débusquer tout ce qui empêche de comprendre pourquoi et comment le dérèglement climatique, la perte de la biodiversité, l'atteinte aux fondements mêmes de nos vies font partie intégrante de la responsabilité humaine au niveau planétaire. Pour pouvoir agir.

Les scientifiques dont les recherches portent sur les dégâts liés au dérèglement climatique ou aux dérives industrielles, au pillage des ressources, se heurtent encore de plein fouet au mur du silence par manque de relais médiatique. Ils ne cessent d'avertir des dangers encourus, interviennent même sur demande d'organisations internationales en fournissant des rapports plus alarmants les uns que les autres qui tombent pourtant dans un puits d'incompréhension abyssal. Qui et comment relayer leurs résultats, pour faire œuvre de pédagogie et de relais auprès des populations, si ce n'est soutenir les journalistes qui s'en emparent ? Actuellement, les formations aux sujets écologiques rencontrent un public enthousiaste même au sein des rédactions les plus frileuses. Comment traduire cet intérêt et favoriser ces enjeux dans la presse ? L'exemple de QuotaClimat est intéressant : cette association a lancé un travail avec des parlementaires, dans un groupe transpartisan mené par le député Stéphane Delautrette, sur la base d'auditions pour permettre d'encadrer ou de favoriser un meilleur traitement des enjeux dans la presse et mettre le climat à l'agenda des médias. Un travail qui devrait être finalisé en 2024.

Pourtant, l'inquiétude se lève sur le mouvement de ressac, que l'on pense à la refonte de la grille de Radio France ou au retour des formes de débat déséquilibrées, composés

---

présentation des faits ou des données qui donnent du crédit à son opinion en passant sous silence les cas qui la contredisent. Ce procédé trompeur, pas nécessairement intentionnel, est typique des biais de confirmation. (Source : Wikipédia)

de figures dont la légitimité du parcours n'est pas vérifiée, sans parler des menaces proférées à l'encontre des scientifiques qui ont essayé d'aller porter leur parole dans des espaces médiatiques.

Le débat n'est pas un combat. Que fait-on pour bien mener une conversation, pour engager un dialogue et éclairer correctement les gens ? Pour éviter de tomber, à l'instar de notre société, dans le piège du clivage stérile ? Il ne s'agit plus de présenter un bulletin météo en faisant le décompte des canicules et des cours d'eau à sec ou des inondations qui détruisent des vies, sans leur donner de perspective. Il s'agit de faire face aux multiples injonctions contradictoires qui brouillent le débat public : préserver nos ressources, d'un côté, et booster la consommation, de l'autre, ou admirer une nature préservée et en faire une foire au tourisme intensif, ou piller les ressources des pays les plus pauvres et rejeter leurs migrants affamés à la mer.

Il s'agit surtout de repolitiser le débat public autour de ces questions, d'introduire de la controverse fertile, de la nuance et de mettre fin à la propagande des marchands de doute. La fabrique de l'ignorance n'est pas une fatalité quand il s'agit d'éclairer l'avenir avec le consensus des sciences. Il ne s'agit plus d'idéologie ni d'opinion, mais d'information qu'il est indispensable d'entendre pour ne plus subir ce qui ne pourra être évité si nous ne nous préparons pas à temps.

## CHAPITRE 3
# HÉGÉMONIE CULTURELLE

## QUARANTE ANS DE COMBAT
### Entretien avec Dominique Bourg[1]

Tandis que l'écologie politique souffle ses 40 bougies, la revue *Propos* a rencontré un de ses compagnons de longue date, Dominique Bourg, pour recueillir, dans le contexte environnemental et géopolitique mondial dégradé que nous traversons, sa réaction à l'interpellation « Écologie ou barbarie ». Inlassable passionné d'écologie, de philosophie et de sciences politiques, il apporte une analyse lucide sur l'ampleur des transformations nécessaires.

***PROPOS : Quels sont les éléments de contexte général ?***

**Dominique Bourg** : On peut retenir environ cinq sujets majeurs. Première chose, je ne suis pas sûr qu'on soit toujours au courant de ce qui se passe. On entre vraiment dans le dur des problèmes découlant du franchissement des limites planétaires, dans la première décennie noire. On le voit en France avec ce qui se passe ne serait-ce que pour l'eau. Les difficultés chroniques des Pyrénées-Orientales en sont un exemple. J'habite en Suisse. Le département français voisin du Jura, depuis plusieurs années, connaît tous les étés des pénuries d'eau pour nombre de communes. Sur le plan agricole, le fleuron, c'est le comté. Qu'en sera-t-il dans une ou deux décennies,

1. Dominique Bourg est philosophe, écologue, professeur honoraire à l'Université de Lausanne (Suisse).

avec le dérèglement climatique ? Plus généralement, l'habitabilité de la Terre est en cours d'altération et de réduction.
Deuxième point, si nous devons connaître des pénuries alimentaires notamment, avec des tensions guerrières qui sont déjà là, la démocratie résistera-t-elle ? Nous ne sommes d'ailleurs pas confrontés à la seule extrême droite. Les deux derniers gouvernements d'Emmanuel Macron ont lancé une véritable dérive illibérale, que vérifient les analyses de l'historien Pierre Serna[2] sur l'extrême centre[3]. Et il y a peu de gens encore qui le disent, et certainement pas les journalistes mainstream, ce qui est d'ailleurs étonnant.
Troisièmement, les enjeux migratoires, quelle que soit la façon dont ils seront abordés, seront déterminants. La distribution de la population mondiale n'a nullement changé avec la modernité technicienne. Les aires les plus peuplées sont les plus chaudes, avec une redescente de la densité démographique sur les territoires qui connaissent une température moyenne de 27-28 °C. À 29-30 °C, il n'y a plus personne. Avec un réchauffement de 2 °C, c'est l'ensemble des slots qui se déplacent et les aires anciennement à 27-28 °C deviennent inhabitables. Ce à quoi vous devez ajouter la chaleur humide[4], qui va rendre difficilement habitables des aires beaucoup plus larges.
Quatrièmement, les développements de l'intelligence artificielle (IA) constituent également un défi important, tant pour nos démocraties que pour la situation guerrière,

2. Pierre Serna, *L'Extrême Centre ou le Poison français, 1789-2019*, Champ Vallon, 2019.
3. Dominique Bourg, « Emmanuel Macron : de l'extrême-centre à l'extrême-droite », AOC, 28 janvier 2024.
4. Chaleur humide : combinaison de la température et du taux d'humidité au-delà desquels le corps humain ne peut plus se refroidir grâce à l'évaporation de la transpiration présente à la surface de la peau, et ne peut donc plus assurer la stabilité de sa température (voir synthèse des études publiée par la NASA, 2022).

avec les armes létales automatiques. Rappelons enfin que l'invasion russe de l'Ukraine a totalement changé la donne internationale. Licence est désormais ouverte, grâce à Vladimir Poutine, avec l'appui du Sud global, pour régler tout différend par la violence.

***Quelle place occupe l'écologie politique dans le paysage et en quoi ses réponses sont-elles porteuses d'espoir plutôt que de haine, comme le fait l'extrême droite ?***

Il y a deux sujets qui émergent au début des années 1970 : l'un est la question de l'immigration, avec Jean-Marie Le Pen, l'autre concerne les sujets écologiques, avec la naissance de l'écologie politique, même si l'avènement des interrogations écologiques remonte au XIXe siècle.

C'est une idée qui intellectuellement se défendait très bien, mais en fait la quasi-totalité de la société ne la recevait absolument pas. Je rappelle que le score de René Dumont à la présidentielle de 1974 était totalement ridicule[5]. Maintenant, même si on élargit à la question du climat, ça a été le problème du Groupe d'experts intergouvernemental sur l'évolution du climat (Giec) et celui des climatologues de devoir avertir les populations des dangers qui leur étaient invisibles.

Quarante ans après, la question du climat est vraiment à l'agenda public, mais les forces écologiques n'en tirent que très peu de bénéfices et le monde politique s'en détourne. En revanche, la question de l'immigration est à la fois reconnue comme importante par 80% de la population environ et centrale sur un plan politique. L'extrême droite récolte les dividendes du travail antérieur, alors que le devenir sensible et, de

---

5. Premier candidat écologiste à l'élection présidentielle en France, René Dumont recueille 1,32 % des suffrages exprimés en 1974. (Source : Francepolitique.fr)

plus en plus, des questions notamment climatiques ne profitent nullement aux partis porteurs du sujet depuis des décennies.

***Comment définissez-vous le fonctionnement démocratique aujourd'hui ?***

Le cœur de la démocratie, c'est la libre expression de la pluralité des opinions, laquelle se déploie notamment au sein d'un débat public destiné à scénariser des argumentations contradictoires. Si vous pensez qu'être de droite, c'est franchement une horreur qu'il convient de bannir, je suis désolé mais vous n'êtes pas démocrate. La démocratie, c'est l'organisation de l'expression publique de la diversité. Alors que dans les sociétés antérieures, ce n'était pas évident du tout. Au contraire, un ordre unique s'imposait en général à tous. C'est désormais redevenu furieusement tendance : « Je suis sensible à l'horreur infligée aux Gazaouis, mais je me fous du 7 octobre, des Syriens, des Ouïghours et des Ukrainiens » ; « Tu n'es pas d'accord, alors je te crève l'œil ». Pitoyable et dangereux !

Cela supposait bien sûr une sorte de consensus en creux, notamment autour du respect des droits humains et un idéal de l'amélioration de la situation de toutes et tous. Plus généralement, le consensus en creux sans lequel il n'y a ni Constitution commune, ni alternance politique, ni avancée de la société, s'est imposé à compter de la fin du XIXe siècle. Il y avait consensus sur l'orientation générale de la société, à savoir la maximisation de la production de richesses matérielles ; et un autre consensus : le devoir de répartir la richesse ainsi produite. Chacun de ces objectifs pouvait être décliné selon une orientation de droite ou de gauche : à droite, libéraliser l'entreprise et redistribuer au prorata du mérite des uns et des autres ; à gauche, rationaliser la production et redistribuer selon une logique plutôt égalitaire.

Évidemment, ces oppositions pouvaient s'enrichir d'autres différends. Ce consensus en creux marquait une véritable rupture : le souci des riches durant toute l'histoire, depuis le néolithique, n'était pas l'enrichissement général de la société. Leur problème, c'était leur propre enrichissement. Or, nous y revenons avec le triomphe du néolibéralisme ! En gros, ça a marché jusqu'aux trente glorieuses, et surtout à ce moment. Or, nous savons aujourd'hui que ce sont les flux d'énergie et de matière que sous-tendent nos richesses qui détruisent l'habitabilité de la planète.

***Quel rôle va jouer l'écologie ?***

L'écologie a une place vraiment très particulière parce que c'est elle qui fragilise ce consensus depuis le début des années 1970. Tout simplement parce qu'elle montre, désormais avec l'appui des communautés scientifiques, que la maximisation de la richesse est contradictoire avec les limites planétaires. Elle aurait dû s'attacher à proposer un nouveau consensus démocratique.

***Et que constate-t-on aujourd'hui ?***

En fait, à un moment, j'ai cru que c'était effectivement en train d'advenir. Il y avait une réappropriation par une partie la droite des questions écologiques ; on songe notamment à la Charte constitutionnelle de l'environnement en France. Et, depuis une date récente, nous sommes plutôt confrontés à un dissensus, à une fragmentation de la société autour des enjeux écologiques. D'un côté, la droite qui les refuse, en France, en Angleterre, aux États-Unis, etc., et, de l'autre, la gauche qui feint – au moins – de les accepter. Le programme de La France insoumise (LFI) est écologiquement consistant, mais qu'adviendra-t-il à l'heure des choix ? Je crains que le curseur ne tombe toujours du côté de l'enrichissement matériel. Je rappelle que les Français·es qui souffrent de nombreuses difficultés émargent tout de même aux 10 % les plus riches, ou peu s'en faut, sur cette planète. La difficulté est abyssale.

***Que se passe-t-il politiquement ?***

On criminalise l'écologie. On l'a vu notamment avec les évènements de Sainte-Soline ou ceux de l'A69. Le pouvoir macronien extrémise et criminalise les protestations et les colères. Si les droites extrêmes l'emportent au Parlement européen, ou si la dissolution y conduit en France, un scénario analogue aux États-Unis trumpisés se profile.

A contrario, je pense que ce fut une erreur de refuser le débat sur la loi immigration. Afin que la question de l'immigration soit pleinement une question démocratique, il convient de s'entendre sur un certain nombre de statistiques et de faits, parce que c'est le seul moyen de lutter contre les fantasmes. Le refus de considérer un sujet nourrit chez vos adversaires les fantasmes. C'est la pire stratégie qui soit, précisément la stratégie non démocratique.

***Comment continuer à se battre ?***

Il est clair que la bataille culturelle n'est pas perdue, bien que mal engagée. Selon l'enquête d'opinion Obs'COP23[6] sur le changement climatique, qui concerne 30 pays, le nombre de personnes qui se disent conscientes de la gravité des enjeux écologiques tout en consentant à agir, diminue. Et la conscience de l'ampleur des enjeux ne risque pas de le faire remonter. En un sens, le grand nombre préfère le déni.

***Qu'est ce qui détruit l'habitabilité de la Terre ?***

Outre le poids démographique de l'espèce, ce qui ruine l'habitabilité de la Terre concerne le volume de nos activités

6. Obs'COP23, Observatoire international Climat et opinions publiques, EDF/Ipsos, 2023.

et la hauteur des flux de matière et d'énergie qu'elles suscitent. On enfouit la Terre sous un amas d'infrastructures et d'objets. Ce à quoi s'ajoutent nos modes de transformation de la matière qui sont, comme on le voit avec les polymères, incompatibles avec la nature. N'oubliez pas que l'énergie, qu'elle soit carbonée ou pas, est la mesure de notre capacité à transformer, donc à détruire l'environnement qui nous entoure. Il n'y a pas d'autre solution que de restaurer les écosystèmes, les réensauvager en premier lieu. Une tâche gigantesque et séculaire, d'autant qu'il va falloir faire évoluer nos modes de vie autant que nos modes de production, en commençant par la diffusion de l'agroécologie.

***Que faire ?***

Essayer de sortir de l'impasse dans laquelle nous nous sommes mis ne sera pas possible avec des demi-mesures. Une refonte de la société sur des décennies, donc par étapes et sur un temps relativement long, est indispensable. Jamais une société n'a eu à penser la sortie d'une civilisation, c'est la première fois que cela arrive et c'est extrêmement difficile.

L'écologie ? Il n'y a pas de cause plus pourrie à défendre, parce qu'elle est totalement contradictoire avec la manière dont on vit depuis des décennies et, pour la comprendre, il faut un accès solide à l'information quand tout est fait pour que ça ne soit plus possible. Il faut en outre le faire avec une certaine forme de solidarité, dans une société où les écarts de richesse et de revenu seraient extrêmement resserrés. C'est à la fois la cause la plus difficile à défendre et, en même temps, il y a énormément d'initiatives, de petits collectifs à l'œuvre. C'est très curieux de constater à nouveau ce paradoxe. Effectivement, il y a beaucoup de choses qui se font, il y a une angoisse larvée, et pourtant rien ne perce réellement politiquement.

## L'HUMOUR VA PLUS VITE QUE LES *FAKE NEWS*

**Magali Payen**[1]

2024 est une année cruciale : la moitié de la population mondiale en âge de voter est appelée à voter. Du jamais-vu depuis 1792, année de création du suffrage universel. Et ce, alors que la démocratie est en recul dans le monde pour la sixième année consécutive[2]. Si Donald Trump est réélu, cela risque de fragiliser l'Ukraine et de positionner Vladimir Poutine aux portes de l'Europe. À l'heure où j'écris ces mots, les élections européennes n'ont pas encore eu lieu, mais on s'attend à un tsunami de l'extrême droite, malgré la mobilisation et la coordination de nombreuses organisations dans les trois mois qui ont précédé. Outre la menace pour les droits de l'homme, qui est un sujet primordial, les deux partis d'extrême droite ont annoncé que s'ils gagnaient, ils détricoteraient les mesures écologiques et sociales déjà passées. Le Green Deal, jusque-là porteur d'espoir, est donc sérieusement menacé. Parmi les autres menaces, citons l'explosion de l'intelligence artificielle, la course au réarmement, qui détourne notre énergie de la mutation sociétale à opérer, et les derniers sondages, qui donnent Marine Le Pen gagnante en 2027. Si nous perdons la démocratie, nous perdons tout le reste. L'autrice

1. Fondatrice du mouvement activiste On Est Prêt et de la société Imagine 2050.
2. Marie Jégo, « 2024, année électorale record », *Le Monde*, 6 janvier 2024.

indienne Arundhati Roy nous alerte, lors de son discours en 2023[3] : «Aucun d'entre vous ne doit prétendre qu'il ne savait pas»; la menace est réelle et irréversible. Ce qui se passe en Inde peut arriver chez nous. Un gouvernement d'extrême droite saperait les contre-pouvoirs, les possibilités de résistance, et pourrait nous projeter au bord de la guerre civile[4].

## En tant qu'activiste, je me demande : que peut-on faire ?

Une des stratégies les plus efficaces que je vois dans cette croisée des chemins, et qui peut surprendre, c'est le soft power : nous avons la responsabilité de déployer une vague culturelle de récits enthousiasmants et de nous coordonner stratégiquement autour d'outils puissants. La gauche a-t-elle oublié Antonio Gramsci ?

La Nouvelle Droite, surnommée «les nouveaux gramscistes», a bien compris que l'hégémonie culturelle était préalable à la victoire dans les urnes. L'essayiste Alain de Benoist est lu jusque dans les équipes de Donald Trump. Les droites extrêmes ont aujourd'hui des représentants dans l'ensemble du champ public. Génération identitaire prend Greenpeace pour modèle d'action et copie leurs opérations coup de poing et marketing.

3. Discours prononcé lors de la remise du Prix européen de l'essai 2023 pour l'ensemble de son œuvre par la Fondation Charles-Veillon, à Lausanne (Suisse), à l'occasion de la traduction en français de son dernier essai : *Azadi. Liberté, fascisme, fiction* (Gallimard, 2021).
4. La guerre civile, c'est aussi le spectre brandi par le film américain *Civil War* d'Alex Garland (*Valeurs actuelles* a beaucoup aimé) et dans la série «La Fièvre» d'Éric Benzekri qui, aussitôt sortie, a fait l'objet de plus d'une trentaine d'analyses politiques brillantes et nécessaires rassemblées dans un rapport : Raphaël Llorca et Jérémie Peltier (dir.) «Sur *La Fièvre*. Enseignements politiques d'une série», Fondation Jean-Jaurès Éditions, 2024.

Les militants d'extrême droite Damien Rieu, Thaïs d'Escufon et d'autres ont repris les stratégies des influenceurs sur les réseaux sociaux. La gauche, elle, n'a pas renouvelé ses stratégies d'influence.

Il est pourtant primordial que nous nourrissions une vague culturelle qui donne envie d'une autre manière de faire société. Et donc que nous multipliions les manières de soutenir ce récit, c'est-à-dire les porte-parole. Au sein des récits que nous portons, nous pouvons mettre en lumière ce que rappelle George Monbiot, éditorialiste au quotidien *The Guardian*: «Derrière chaque mouvement fasciste se cache un milliardaire qui le soutient discrètement. L'extrême droite désigne des boucs émissaires parmi les minorités: la colère du public n'est pas dirigée là où elle devrait l'être, c'est-à-dire vers les très riches qui sont les personnes qui détruisent nos moyens de survie[5].»

Nous pouvons également rappeler que, d'un point de vue scientifique, leurs discours sont irréalistes et que, quand ils ne sont pas climatosceptiques, ils estiment que la technologie va nous sauver, ce qui n'est, selon le climatologue Christophe Cassou qu'une sous-catégorie du climatorassurisme. Ils ne prennent pas en compte la complexité du monde et ne peuvent donc y apporter les réponses adaptées. Et quand bien même ils intégreraient le consensus scientifique climatique, leur projet humain continuerait à bafouer les droits de l'homme.

Par ailleurs, les extrêmes droites savent très bien exploiter politiquement l'éco-anxiété, les angoisses suscitées par les catastrophes climatiques. 75 % des personnes sont actuellement très inquiètes de ce qui se passe en termes

5. Hervé Kempf, «George Monbiot: "Derrière chaque mouvement fasciste, il y a un milliardaire"», *Reporterre.net*, 2 novembre 2023.

d'effondrement écologique. Face à ces «épreuves de la vie», comme les appelle l'historien et sociologue Pierre Rosanvallon, les extrêmes droites font leur terreau. Stéphane Foucart a écrit récemment dans *Le Monde* à ce sujet: «On sait que ce qui éprouve le corps social nourrit aujourd'hui les sentiments d'injustice et d'abandon, alimentant cette colère muette et ce ressentiment, et que cette crise écologique, par l'adversité et le malheur qu'elle distribue dans la société, forme une part non négligeable du vote extrémiste, et que c'est destiné à grandir[6].»
La difficulté pour les écolos est d'être les lanceurs d'alerte, messagers des mauvaises nouvelles, les corbeaux noirs. Or, lorsque la dissonance cognitive émerge et qu'il faut modifier une variable, c'est trop souvent celle du porte-parole confondu avec la catastrophe qui est choisie. On écarte le messager. On le moque. On le silencie. Ou pire, on le tue. Le carbo-fascisme est la première cause de mortalité des journalistes et des écologistes dans le monde[7].

## Face à cela, que peuvent faire les écolos ?

D'abord, parler des «solutions» plus que de la menace. Montrer en quoi ce projet de société est enthousiasmant, en quoi il est également rassurant, en apportant des réponses concrètes à toutes ces personnes qui sont en colère et qui ont raison de l'être, en leur faisant des propositions réalistes sur le plan politique. Les écolos ont compris la complexité du problème. L'enjeu va maintenant être de vulgariser les choses, de transmettre cette complexité de la façon la plus juste et compréhensible possible.

6. Stéphane Foucart, «L'extrême droite et la crise écologique sont les deux portions d'un même cercle vicieux», *Le Monde*, 24 décembre 2023.
7. Texte écrit avant le décompte tragique des événements à Gaza.

Ensuite, pour rendre ce projet de société enviable, il reste un énorme travail à faire sur la sémantique, le choix des mots, sur le recours aux poètes, aux artistes. En effet, la relation au monde, les imaginaires, se forgent via le soft power (les médias traditionnels ou les œuvres d'art, que ce soit des courts métrages, de la musique, etc.). Il est possible d'illustrer ce projet de société en recourant à diverses formes d'art, en reconnectant avec la magie, la joie, en multipliant les porte-parole afin de porter le message d'une multitude de manières possibles, via une variété de subjectivités et auprès de publics très différents ; ce qui est orchestré par exemple dans les campagnes « On Est Prêt » : faire appel à une multiplicité d'influenceurs (vulgarisateurs scientifiques, humoristes, influenceurs lifestyle, etc.). Via ces différents leaders d'opinion, les messages touchent des communautés très disparates, notamment grâce à notre réseau d'experts, scientifiques, activistes, ONG…
Nous accompagnons de nombreuses personnalités qui ont envie de parler de ces sujets et ne savent pas comment faire. Autre exemple avec Imagine 2050 : nous avons accompagné les scénaristes de la série « Plus belle la vie » pendant plus d'un an et demi pour qu'ils portent des valeurs d'écologie et d'entraide, soit au cœur même de l'intrigue, soit en background, dans le comportement des personnages et les valeurs véhiculées.
Enfin, sur ce sujet du récit, il apparaît indispensable d'être plus offensif que défensif. Je reprends la fameuse loi de Brandolini qui explique que la quantité d'énergie nécessaire pour réfuter des *fake news* est supérieure à celle nécessaire pour les produire. Autrement dit, il est facile et rapide de créer une fausse information ; en revanche, il faudra plusieurs heures pour en démonter chaque point et montrer la fausseté de l'ensemble.

L'un des principes du philosophe Jacques Rancière, repris par l'écrivain et conseiller politique Giuliano da Empoli, est que, pour faire exister l'extrême droite, le plus efficace est de s'en offusquer et de la critiquer dans les médias. C'est pourquoi le combat devrait plutôt occuper l'espace narratif que perdre trop de temps à démonter les *fake news*.

## Quels outils pour faire exister nos récits ?

Ce qui pêche aujourd'hui, ce sont les financements. Les grands philanthropes américains (Open Democracy et Porticus), qui jusque-là injectaient des centaines de millions d'euros dans les mouvements pro-démocratie, écologie et justice sociale en Europe, se sont retirés. En parallèle, entre 2009 et 2018, il y a eu plus de 700 millions d'euros dépensés par des républicains américains en Europe pour financer des campagnes anti-avortement et anti-LGBT. En France, l'entrepreneur Pierre-Édouard Stérin a commencé à financer à coups de dizaines de millions d'euros les causes d'extrême droite, notamment via le Fonds du bien commun. Il a investi 25 millions d'euros en 2022, 43 en 2023, et a pour ambition de monter à 300 millions d'euros rapidement. Il y a une nécessité et une urgence à reconstituer le tissu de financements pour les idées et le projet de société progressiste, seul viable pour continuer à habiter cette planète.

Ensuite, il y a évidemment l'outil numérique. L'extrême droite n'hésite pas à faire usage du Big Data, parfois couplé à l'intelligence artificielle (IA). Donald Trump n'a pas hésité à utiliser Cambridge Analytica, quand Hillary Clinton en refusait l'utilisation. Ce Big Data permet de cibler des millions de personnes avec des messages sur mesure, parfois complètement contradictoires selon les profils ;

contradictions impossibles à vérifier sur les millions, voire les milliards de messages envoyés. En Italie ont été testés le Big Data, les *fake news*, faux comptes, trolls, *deepfakes*… Même si nous décidons d'utiliser le Big Data, notre éthique ne permet pas de jouer à armes égales.

Il existe tout de même de grandes marges de manœuvre pour optimiser notre communication. Marine Le Pen, Jordan Bardella et plusieurs leaders d'extrême droite explosent sur TikTok parce qu'ils en ont compris les codes. C'est là que se trouve la population la plus jeune, les primo-votants. Il y a une contre-offensive médiatique à opérer sur l'ensemble des réseaux sociaux, à commencer par TikTok, en orchestrant la création et la diffusion massive de mèmes, car seul l'humour va plus vite que les *fake news*.

Il y a un enjeu à organiser, avec l'aide de «spin doctors» éclairés, les influenceurs, les leaders d'opinion, leurs récits, à contrer le développement de l'IA, à avoir des forces de cybersécurité puissantes et à réglementer afin de responsabiliser les plateformes Gafam, responsables de la polarisation des débats sur les réseaux sociaux. Il existe déjà quelques initiatives émergentes qui vont dans ce sens.

En conclusion, je dirais qu'il est encore possible de déjouer les sondages pour 2027. Nous devons préparer les victoires comme les défaites, anticiper ce que nous ferions sous un mandat d'extrême droite. Il est encore possible d'éviter le pire, à condition de nous organiser, d'y passer du temps et d'en faire une priorité.

# CHAPITRE 4
# PRODUCTIVISME OU SOBRIÉTÉ

## AFFRONTER LE PRODUCTIVISME

**Samuel Sauvage[1]**

Réfléchir à la sobriété implique nécessairement de penser l'ébriété sur laquelle repose le système actuel. Pour la caractériser, les convivialistes se réfèrent au terme grec *hubris*, une « démesure » qui mène à une forme de barbarie. Sous des apparences pacifiques, le consumérisme reposant sur le diptyque « consommation de masse »/« production de masse » cache, en amont, une « extraction de masse » et, en aval, « des déchets de masse » : autant de massifications qui raréfient *in fine* les capacités des générations actuelles à vivre dignement. Un accaparement des ressources par quelques-uns, à l'échelle de l'humanité, qui mène probablement à une intensification des conflits. Une barbarie à retardement.

### L'obsolescence programmée, symbole des apories du modèle productiviste

L'irrationalité du modèle économique dominant doit être pointée du doigt, à l'heure où ce sont souvent les alternatives qui doivent donner des gages de rationalité. L'extraction de ressources limitées pour fabriquer des objets conçus pour

1. Samuel Sauvage est économiste, diplômé de Science-Po Paris, cofondateur et président de Halte à l'obsolescence programmée (HOP) et directeur de projet chez Auxilia conseil, entreprise sociale du groupe SOS. Il est passionné d'économie alternative, sociale, solidaire ou circulaire.

ne pas durer est un non-sens qui caractérise l'économie dite « linéaire ». Or, certaines de ces ressources, comme de nombreux métaux, ont une durée de réserves connues estimée en dizaines d'années, alors qu'elles sont essentielles aux technologies vertes ou numériques. Cela conduit des chercheurs, tels que Guillaume Pitron, à considérer que le XXIe siècle sera le siècle des métaux, après le siècle du pétrole connu précédemment.

Il est intéressant de noter que le modèle économique qui en résulte, qu'on qualifierait volontiers de productiviste dans la mesure où l'accroissement de la production est érigé en objectif en soi, constitue également une improductivité dans l'utilisation des ressources. Depuis 1970, la consommation de ressources mondiales (biomasse, fossile, métaux, minéraux…) a été multipliée par 3,5 en moyenne, tandis que le PIB ou la population étaient vaguement multipliés par deux. Notre intensité en ressources s'est donc détériorée sur la période récente.

Bien qu'irrationnel du point de vue de l'économie des ressources, ce modèle économique répond cependant à une logique économique au regard notamment du problème soulevé par la saturation des marchés : lorsqu'un équipement a été vendu, il est difficile d'en vendre un second au même ménage. Émergent alors deux stratégies complémentaires : d'une part, créer de nouveaux besoins, fussent-ils « artificiels » (voir à ce sujet les travaux du sociologue Razmig Keucheyan) et, d'autre part, renouveler les besoins par des mécaniques d'obsolescence programmée. Ces mécanismes sont de divers ordres que nous avons analysés dans un ouvrage[2] publié en 2017 : à l'obsolescence *technique*

2. Laëtitia Vasseur et Samuel Sauvage, *Du jetable au durable. En finir avec l'obsolescence programmée*, Alternatives, 2017.

s'ajoutent une obsolescence *logicielle* et, enfin, de manière plus subtile, une obsolescence *culturelle* caractérisée par les effets de mode. Autant de manières de pousser à « instiller dans l'esprit du consommateur l'envie de posséder quelque chose d'un peu plus neuf, d'un peu mieux et un peu plus tôt que ce qui est nécessaire », selon Brooks Stevens, designer industriel, dès 1954.
S'attaquer à l'obsolescence programmée, comme nous le faisons à travers la création de l'association Halte à l'obsolescence programmée (HOP) depuis 2015, c'est s'attaquer à l'absurde et, ce faisant, apporter la preuve quasiment irréfutable de la nécessité de la décroissance matérielle de notre économie. C'est rappeler la matérialité de notre consommation, fût-elle numérique, alors que l'essentiel des impacts environnementaux des produits se situe dans la phase de fabrication. Se faisant connaître du grand public par quelques grandes plaintes (Epson, Apple), HOP s'est rapidement imposée comme un acteur de référence, avec aujourd'hui 60 000 sympathisants et la mise en place d'un club d'entreprises intégrant une quarantaine de membres[3].

## Enjeux et limites de la consommation responsable

L'un des moyens d'action de HOP les plus « naturels » est la sensibilisation des consommateurs sur la durée de vie des produits. J'aimerais profiter de ces pages pour préciser dans quel cadre conceptuel s'inscrit cette action. La consommation responsable est à l'évidence une réponse nécessaire pour sortir de l'ornière actuelle du consumérisme, et elle passe par quatre grands réflexes à l'heure d'acheter : réfléchir à ses besoins (donc renoncer à de nombreux achats), réparer ses objets en état, acheter des objets

3. www.halteobsolescence.org

de seconde main et enfin s'informer sur les impacts des objets neufs éventuellement nécessaires. S'il constitue une pièce du puzzle, le consommateur n'est cependant pas la clé de la sortie du consumérisme.

En d'autres termes, l'héroïsme du consommateur a ses limites, car les structures de la société, forgées par une architecture de normes et de valeurs, sont intimement liées au système «croissantiste». Le consommateur ne peut se prévaloir d'exemplarité, car il connaît, selon moi, au moins quatre grandes limites: une limite financière évidemment, à l'heure où les produits éco-conçus sont souvent plus chers; une limite organisationnelle, l'achat responsable étant souvent plus chronophage; une limite sociale, l'entourage et l'habitus jouant un rôle fondamental dans l'adoption de comportements; et enfin une limite cognitive. En effet, comment savoir quel produit choisir, selon ses impacts environnementaux, sociaux, éthiques, géopolitiques, et comment distinguer sur chacun de ces sujets la communication orientée des marques et les faits avérés? Il est tout simplement impossible de réussir à adopter une consommation responsable sur tous les produits et tous les sujets d'importance.

Appeler à une responsabilisation individuelle, en arguant qu'«il suffit qu'on arrête de consommer pour qu'ils arrêtent de produire», conduit donc probablement à une impasse. Le levier normatif et le levier fiscal sont indispensables pour rendre la consommation responsable plus aisée. C'est ainsi que HOP a choisi d'axer une part importante de son combat sur le plaidoyer. La bonne nouvelle, c'est que cela peut fonctionner! En quelques années, suite à notre travail de conviction et avec l'aide de divers alliés, nous avons réussi à imposer l'existence d'un délit d'obsolescence programmée, la mise en place d'un indice de réparabilité puis de durabilité des produits, l'instauration d'un « bonus réparation »... Ces combats prennent racine en France, pays pionnier en la matière, et s'étendent actuellement à l'échelle européenne avec l'adoption en avril 2024, à la quasi-unanimité, d'une directive « visant à promouvoir la réparation des biens ».

## Vers des mesures de bascule pour la sobriété

Bien sûr, ces victoires ne sont pas à la hauteur des besoins. Il faudrait, comme en matière olympique, agir plus vite, plus haut et plus fort, en étendant rapidement ces dispositifs à l'ensemble des produits, en amplifiant la durée des garanties légales, en mettant en place des TVA réduites sur la réparation ou le réemploi, en renforçant les contrôles... Plus largement, pour sortir du consumérisme, de véritables mesures de sevrage sont indispensables. Je peux ici en citer trois. Tout d'abord, je pense à la limitation drastique de la publicité, à base d'interdiction de publicités sur certains produits, d'interdiction de certains supports (panneaux numériques) et de taxation des dépenses liées à la publicité. Là encore, la défaite n'est jamais certaine : contre toute attente, la majorité actuelle des députés a été favorable à interdire la publicité sur les produits de la *fast fashion*. Pourquoi s'arrêter là ?

Une deuxième mesure possible, quoiqu'encore imprécise dans sa mise en place, réside dans la taxation sur l'extraction des matières premières. À l'instar d'une taxe carbone mise en place à l'échelle européenne, rien n'empêche de taxer les produits selon leur « sac à dos écologique » afin d'inciter à produire avec un moindre impact sur les quantités de matières premières mobilisées. C'est d'autant plus important que les impacts du productivisme ne se limitent pas au carbone ou au changement climatique.

Enfin, l'une des grandes notions discutées par le politiste Bruno Villalba dans *Politiques de sobriété*[4] repose sur le rationnement. Combien de temps pourra-t-on se passer d'un tel outil qui, par définition, permet de traquer le superflu ? Le rationnement du consommateur, sous la forme d'une carte carbone par exemple, me paraissant encore insuffisamment mûr pour être souhaitable, il serait possible d'explorer un rationnement en amont, touchant le nombre de nouveaux produits mis sur le marché par les entreprises. En complément, des procédures de test européens exigeants pourraient permettre de statuer sur les produits autorisés à la vente sur le continent. N'ignorant pas les multiples obstacles existants face à ce type de propositions, il me semble cependant nécessaire de les mettre sur la table à l'heure où l'on souhaite passer du productivisme à la sobriété.

D'aucuns trouveront que le combat est perdu d'avance, et ils ne manqueront pas d'arguments ! Mais rappelons, comme le montrent les travaux de l'Observatoire des perspectives utopiques, que l'imaginaire écologique est majoritaire en France, loin devant l'imaginaire sécuritaire ou techno-libéral. Forte de cette adhésion et de son caractère inéluctable, la sobriété est capable de s'imposer, si l'on suit le raisonnement du jeune Victor Hugo selon lequel « rien n'est plus puissant qu'une idée dont le temps est venu ».

4. Bruno Villalba, *Politiques de sobriété*, Le Pommier, 2023.

# ENJEUX POLITIQUES DES MODES DE VIE

**Fabrice Flipo**[1]

## L'écologie politique, au-delà des questions environnementales, remet en cause les modes de vie moderne

Mais comment les faire évoluer sans bouleverser tout le système ? Le mode de vie est-il un enjeu secondaire ?

Le mode de vie est réputé appartenir au domaine des logiques de marché, du marketing, ce qui lui retire immédiatement toute crédibilité. En effet, le « style de vie » est l'une des méthodes utilisées en la matière[2]. Le président des États-Unis George Bush n'a-t-il pas affirmé à Rio de Janeiro en 1992 que « notre mode de vie n'est pas négociable » ? Et Léon Trotsky lui-même n'a-t-il pas écrit : « C'est le problème du mode de vie qui nous montre, plus clairement que toute autre chose, dans quelle mesure un individu isolé se trouve être l'objet des événements, et non pas leur sujet[3] » ? Et Friedrich Engels avait souligné que « les hommes, enfin maîtres de leur propre mode de vie en société, deviennent aussi par là même, maîtres de la nature, maîtres d'eux-mêmes, libres[4] ». Mais qu'est-ce que le mode de vie ?

1. Fabrice Flipo est professeur de philosophie, enseignant à Telecom & Management SudParis (Institut Mines-Télécom) et chercheur au Laboratoire de changement social et politique (Paris 7-Denis Diderot).
2. Bernard Cathelat, *Styles de vie*, Éditions d'Organisation, 1985.
3. Léon Trotsky, *Les Questions du mode de vie*, Éditions Sociales, 1976 [1923], chap. 7.
4. Friedrich Engels, *Anti-Dühring. Monsieur Eugen Dühring bouleverse la science*, 1878, part. 3, II.

## Cinq caractéristiques des modes de vie, selon Trotsky

Trotsky écrit *Les Questions du mode de vie* en 1923 alors que la nouvelle économie politique (NEP) donne des résultats mitigés, notamment sur le plan culturel. Il se rend compte que la prise du pouvoir et la socialisation des moyens de production n'ont pas réellement prise sur certains enjeux qu'il qualifie de « culturels ». De la lecture de ce livre émerge cinq caractéristiques des modes de vie.

La première est que le mode de vie, quoiqu'ayant été peu repéré par les lectures marxistes dominantes, est en réalité au cœur de la pensée socialiste et communiste, le but étant bel et bien de permettre aux individus de prendre le contrôle de leurs modes de vie – qu'ils fassent enfin l'histoire qu'ils font.

Un second point est que le mode de vie possède une cohérence conceptuelle propre. Il désigne une totalité dialectique, objective et subjective, « en soi » et « pour soi » ne se réduisant pas à un mode de production, au sens étroit du terme (travail, temps de travail, rémunération). Ce sont les différentes dimensions du monde vécu par une série d'individus, dans leur rapport aux déterminations objectives qui les conditionnent (le « système »), dont ils n'ont que partiellement conscience – sans cela, ils feraient l'histoire qu'ils font.

Le troisième point saillant est que cette totalité sociale est scalaire, bien qu'elle désigne toujours la partie dans son rapport au « tout », dans une perspective statique ou dynamique. Les parties sont les classes, les métiers, la forme de famille, les habitudes nationales ou culturelles, etc. Le « tout » se situe à différents niveaux, à l'échelle du village, de la ville, de la nation ou même être transterritorial, comme dans le cas des modes de vie numériques.

Les modes de vie sont également dépendants les uns des autres. Les classes pauvres dépendent des classes riches, par le partage de la valeur mais aussi par les modèles de réussite. L'ancien Premier ministre du Royaume-Uni Boris Johnson trahit cela lorsqu'il affirme que les inégalités et l'esprit d'envie forment le moteur de la compétitivité du pays[5]. Le sociologue Pierre Bourdieu montre également que les modes de vie sont une manière pour les individus de se classer suivant une hiérarchie qui est aussi celle du pouvoir[6].

Enfin, les différents éléments du mode de vie sont plus ou moins faciles à changer ; ceci parce que la culture est l'identité, que l'on saisira ici au sens qu'elle peut avoir chez le philosophe Jacques Derrida, comme ce que nous choisissons d'être, à partir des éléments qui nous sont donnés et dont l'origine dernière nous échappe, se perdant dans le temps comme dans l'espace[7]. L'identité est donc un processus : l'identification. Elle peut aussi nous être assignée du dehors. Elle définit les besoins. Et son changement engage des actions très différentes d'un changement politique (prendre le pouvoir) ou d'un changement économique (affecter des ressources).

## Modes de vie, styles de vie, genre de vie, et le « système »

Le sociologue Salvador Juan propose quelques distinctions précieuses[8]. Les modes de vie sont des pratiques répétitives

5. Nicholas Watt, « Boris Johnson invokes Thatcher spirit with greed is good speech », *The Guardian*, 27 novembre 2013.
6. Pierre Bourdieu, *La distinction. Critique sociale du jugement*, Les Éditions de minuit, 1979.
7. Jacques Derrida, *De la grammatologie*, Les Éditions de minuit, 1967.
8. Salvador Juan, *Sociologie des genres de vie. Morphologie culturelle et dynamique des positions sociales*, PUF, 1991 ; Michelle Dobré et Salvador Juan, ▶

et largement répandues. Elles sont standardisées et peuvent être saisies par les statistiques. Ainsi, le profil type de l'usager du métro qui se rend au travail entre 6 et 7 heures le matin est-il assez différent de celui que l'on rencontre entre 8 et 9 heures ? Les employés prennent la suite des ouvriers. Les modes de vie se distinguent des styles de vie, concept qui désigne les variations et choix individuels qui sont possibles à l'intérieur des modes de vie. Ainsi, l'usager du métro préfère la tête du métro, ou la queue, être assis, poli, éventuellement sourire.

Le genre de vie désigne les individus et organisations qui agissent de manière volontaire pour changer les modes de vie. Juan réserve ce concept aux genres qu'il considère comme écologistes, mais, par souci de cohérence analytique globale, nous devons l'étendre à toutes les activités qui cherchent à modifier l'ordre et la stabilité des séries. Cela implique d'inclure les entreprises et associations qui cherchent à instaurer des modes de vie encore moins écologiques qu'ils ne le sont déjà et emploient dans ce but toutes les armes de la « persuasion clandestine[9] ».

Le quatrième concept est le système, entité à l'intérieur de laquelle se trouvent les trois autres.

Sur cette base, nous pouvons déjà tirer quelques conclusions. Dans le système libéral, les individus sont organisés soit par le « marché », soit par le gouvernement représentatif, soit par le droit[10]. L'initiative est présumée appartenir aux individus isolés et atomisés. Les modes de vie sont

*Consommer autrement. La réforme écologique des modes de vie*, L'Harmattan, 2009 ; Salvador Juan, « Modes de vie et environnement : sur la réforme socio-écologique de la consommation », *Vertigo*, 2021, vol. 21, n° 1, p. 1-22.

9. Vance Packard, *La Persuasion clandestine*, Calmann-Lévy, 1979 [1957].

10. Catherine Audard, *Qu'est-ce que le libéralisme ? Éthique, politique, société*, Gallimard, 2009.

donc en quelque sorte réduits aux styles de vie. C'est l'image que donne la théorie néoclassique d'une confrontation de « l'offre » et de « la demande ». Pourtant, la réalité est différente. Les individus isolés font face à des organisations puissantes, contrôlant les infrastructures, l'information et connaissant les individus à leur insu : les entreprises, notamment les plus grandes, et l'État. Domination, exploitation et aliénation sont occultées au nom de la liberté.

Dans le socialisme réel (URSS, etc.), l'État semble avoir fini par confisquer les genres de vie, s'en être attribué le monopole, une fois passée la période d'effervescence des conseils. Il a également détruit les styles de vie, en confondant égalité et uniformité. Les modes de vie se sont ainsi trouvés organisés de manière technocratique, depuis le centre. Le pouvoir n'est plus dans les mains des possédants, mais dans celles de ceux qui agissent au nom de leur compétence[11], sur la base de leurs tableaux de bord comptables. Face à l'État, l'individu s'est retrouvé dépossédé.

Quant à lui, le conservatisme a tendance à naturaliser les modes de vie et à enjoindre les individus à se conformer aux autorités qu'il considère comme établies (patron, père, nation).

Et l'écologisme ? Il tente aussi de contrôler les modes de vie, mais depuis une vision ancrée prioritairement dans la critique de la technologie, des forces productives[12], ainsi que l'autonomie, avec une fibre libertaire. Il est donc critique du centralisme. L'initiative appartient en partie à la société civile, entreprises alternatives incluses, soit qu'elles

11. Gérard Duménil et Dominique Lévy, *Au-delà du capitalisme ?*, PUF, 1998 ; Jacques Bidet, *Théorie générale. Refondation du marxisme*, PUF, 1999.
12. Alain Lipietz, *Qu'est-ce que l'écologie politique ? La grande transformation du XXI^e^ siècle*, La Découverte, 1999.

produisent « vert », soit qu'elles relèvent de l'économie sociale et solidaire, ou les deux.

## Comment faire l'histoire que nous faisons

Les modes de vie sont une entité statistique existant entre le style de vie (les choix individuels) et le système. Ils se déploient dans l'espace mésosociologique à différentes échelles. Ils nous sortent de ce projet un peu fou, dit du « calcul socialiste », qui tente de régler volontairement les prix et les quantités, à l'échelle d'une économie entière[13]. Ils sont le niveau auquel se joue l'identité des individus, que celle-ci soit choisie ou subie. Ils sont donc signifiants, à la différence des visions économicistes. Vouloir changer les modes de vie à partir des styles de vie conduit à faire reposer une responsabilité démesurée sur les épaules des individus. Telle est la raison du caractère insupportable des injonctions portant sur les « petits gestes ». La question est de savoir quels genres de vie seront soutenus, et quels sont ceux qui seront entravés.

13. Thomas Coutrot, « Socialisme, marchés, autogestion : un état du débat. Séminaire Matisse "Hétérodoxies", 18 octobre 2002 », *Revue du Mauss Permanente*, mai 2017 ; Cédric Durand et Razmig Keucheyan, *Comment bifurquer. Les principes de la planification écologique*, La Découverte, 2024.

CHAPITRE 5

# L'UNION EUROPÉENNE, LES ENJEUX DE LA VICTOIRE

## L'EUROPE, UNE INVITATION À CHANGER NOTRE REGARD

**Édouard Gaudot**[1]

« Europe et Écologie ». C'est dans l'articulation de ces deux concepts fondamentaux, auxquels la deuxième moitié du XXe siècle a donné une acception particulière que résident les réponses aux défis de notre temps. Le « nouveau régime climatique », dont le regretté Bruno Latour s'est fait le théoricien[2], suppose de transformer radicalement notre rapport au pouvoir et de repenser les catégories mentales dans lesquelles nous avons pris l'habitude de faire de la politique depuis les temps modernes[3]. C'est d'ailleurs pourquoi, à ces deux e majuscules, il faudrait en ajouter un troisième pour « Éducation », tant l'apprentissage de ces nouveaux rapports au monde, aux autres et à nous-mêmes, nécessite une entreprise d'éducation rénovée[4]. Trois grands e pour un d majeur, car le véritable enjeu en filigrane est celui de

1. Historien, diplômé de la Sorbonne et de Sciences-Po Paris, essayiste sur les thèmes de l'Europe, l'écologie et la démocratie, Édouard Gaudot accompagne les acteurs politiques, académiques et économiques dans leurs démarches stratégiques.
2. Bruno Latour, *Où atterrir ? Comment s'orienter en politique*, La Découverte, 2016 ; Bruno Latour, *Où suis-je ? Leçons du confinement à l'usage des terrestres*, La Découverte, 2021.
3. Édouard Gaudot, *Les Sept Piliers de la Cité. Guérir la politique*, Plon, 2022.
4. Rodrigo Arenas, Édouard Gaudot et Nathalie Laville, *Dessine-moi un avenir. Plaidoyer pour faire entrer le XXIe siècle dans l'école*, Actes Sud, 2020.

la « Démocratie », le régime par excellence de l'altérité et de la régulation pacifique des affects qui enflamment régulièrement le corps social.

Bien avant d'être politique et partisane, et de se retrouver affublée de toutes les épithètes et gérondifs, des plus plats aux plus baroques, à la fois radicale, populaire, profonde, réaliste, réformiste, positive, responsable, punitive, socialiste, capitaliste, moderne, de combat, de transformation, d'accompagnement, de solutions, etc., avant ce festival de communication politique, l'écologie est une science. Science des milieux où naissent et se développent les êtres vivants, elle en étudie les cycles, les rapports, les interactions et les équilibres. Mais en plus d'être science, elle est aussi conscience. La conscience du vivant, la conscience de la planète, la conscience des hommes et la conscience de soi au milieu de ces ensembles qui nous embrassent et nous dépassent individuellement. L'écologie propose de connaître la vie aussi bien par une démarche scientifique directe que par la démarche expérimentale du ressenti. Elle est la double voie équivalente de la connaissance, spéculative et empirique.

« Science et conscience ». Quand elles sont séparées, c'est la ruine de l'âme, nous avait prévenus François Rabelais aux premiers rayons de l'aube de l'humanisme. Pendant des siècles, nous avons appris et répété cette formule sans jamais parvenir à l'appliquer, obsédés que nous étions par la dimension humaine du monde. L'écologie offre une occasion inespérée de résoudre cette tension séculaire – et de réconcilier l'humanisme avec le monde. Prophétique et profonde, la devise rabelaisienne s'est perdue dans les fumées de l'industrie et les fracas de l'âge de fer. La science apportait pouvoir, abondance et liberté, la conscience se débrouillerait pour suivre. Avec la crise de civilisation que nous imposent les enjeux de l'écologie aujourd'hui, le défi n'est rien moins que de faire basculer l'imaginaire de l'humanisme dans un autre continuum, où, cette fois, science et conscience fonctionneront de concert.

L'écologie est en quelque sorte la réponse à Rabelais. « Conscience et co-naissance ». Elle nous intéresse en l'occurrence par cette dimension spirituelle qui l'accompagne et qu'on a parfois tendance à négliger dans une culture politique française fortement empreinte de matérialisme et méfiante à l'égard de tout ce qui pourrait lui rappeler le pouvoir social et politique des Églises. L'écologie est une forme quasiment initiatique de transformation du regard et de changement de perspective sur soi, comme sur le monde. On y pénètre et y chemine selon un parcours comparable à celui de la découverte spirituelle. Littéraires, scientifiques, politiques, philosophiques, ses portes d'entrée sont multiples, ses voies tout aussi variées. On ne naît pas écologiste, on le devient.

Au fond, avant d'être accaparée par les mouvements et les partis qui s'en réclament, l'écologie est une épiphanie individuelle. Car il ne s'agit pas seulement de décarboner ou de transitionner, ou de mettre un peu plus de bienveillance dans nos rapports sociaux, l'écologie nous interroge sur notre rapport au monde. C'est dans cette perspective que se pose l'opposition entre écologie et barbarie. Parce que la civilisation, c'est-à-dire historiquement et philosophiquement l'antithèse de la « barbarie », est aussi d'abord un regard qu'on porte sur le monde. Elle est une façon de se percevoir, soi et les autres. Une façon d'être au monde, faites de valeurs, de représentations, d'attitude, de croyances.

En ce sens, l'écologie est un basculement civilisationnel, car elle exige de nous que nous changions de civilisation. Elle nous demande d'être au monde d'une façon différente de celle que nous avons été depuis maintenant cinq siècles. Elle nous inscrit, à la fois individuellement et collectivement, dans une chaîne d'interactions et un système planétaire vivant. De notre propre corps au corps social et au corps de la planète où nous vivons, l'écologie nous invite à prendre conscience des équilibres et des liens, et à les préserver tout autant qu'à les nourrir.

C'est pour cela que lorsqu'elle se fait «politique» et se manifeste par des politiques publiques, elle doit penser le monde dans sa complexe totalité. Une politique écologiste, c'est une politique qui ne sacrifie jamais le local au global, mais jamais non plus le global au local. C'est un ensemble de choix où les frontières de l'intérêt général se portent bien au-delà de la seule unité familiale ou nationale –jusqu'au vaisseau planétaire, même si l'on se souvient de l'hypothèse Gaïa développée, sous ce nom d'ailleurs, par le chimiste James Lovelock et par la biologiste Lynn Margulis[5], en postulant que l'ensemble des êtres vivants sur Terre formerait une sorte de superorganisme autonome, capable de réguler ses composants pour favoriser les conditions de la vie terrestre.

C'est pourquoi poser l'opposition entre écologie et barbarie n'a rien à voir avec les usages politiques et les affrontements traditionnels, qui postulent l'infériorité des barbares et la nécessité soit de les éradiquer, soit, pour une certaine tradition républicaine, de les éduquer. Car il se trouve que

---

5. Voir Sébastien Dutreuil, «James Lovelock, Gaïa et la pollution: un scientifique entrepreneur à l'origine d'une nouvelle science et d'une philosophie politique de la nature», *Zilsel*, 2017, vol. 2, n° 2, p. 19-61.

la « barbarie » est aussi une civilisation, la nôtre en l'occurrence. Ce qui se dessine dans cette alternative, au fond, c'est la question suivante : quel type de civilisation opposons-nous à une autre civilisation ? Cette civilisation dont nous ne voulons plus est celle dans laquelle nous sommes nés : une civilisation destructrice, de domination, d'asservissement et évidemment, à terme, suicidaire, puisqu'elle est la cause des dérèglements profonds et des ruptures d'équilibres naturels qui remettent en cause l'habitabilité de la planète.

C'est là que nous intéresse l'articulation avec l'Europe. Parce que cette aventure européenne est bien plus large que la construction historique d'une communauté politique continentale au cours des 70 dernières années. Ses racines aussi bien intellectuelles que politiques remontent bien au-delà. L'Europe est née de la conscience de la division, au tournant du XV^e^ siècle, quand la chrétienté se découvre un schisme protestant en son cœur. Depuis, elle aspire à l'unité. Ce dualisme est au cœur de la première des perspectives à adopter pour comprendre ce qui se joue dans la construction européenne. Car l'Europe est d'abord une idée. Et comme les grandes idées dans l'histoire, son incarnation dans le réel suppose des institutions nécessairement imparfaites et des serviteurs encore moins parfaits. Parce qu'elle tient à la fois de l'idéologie, de la foi et de l'utopie, l'idée de construction européenne a servi de substitut à beaucoup de projets politiques vidés de leur substance par les échecs historiques et le désenchantement du monde. Pourtant, derrière l'objet politique complexe, multivalent et fantasmé, l'Europe est surtout un laboratoire, une expérience politique particulière. La construction européenne est justement une invitation à changer notre regard. Elle suppose un autre positionnement à la fois dans le monde, dans l'histoire, dans le temps et dans l'espace.

La première perspective qui nous permet de comprendre pourquoi l'Europe est un déplacement du regard et un changement de notre fonctionnement, c'est « l'axe de la symétrie ». Parce que, contrairement à ce que nous défendent aussi bien ceux qui s'y opposent que certains de ses partisans, l'Europe n'est pas un bloc monolithique. Monde méditerranéen, anglo-saxon, atlantique, *Mitteleuropa*[6]... Elle est une civilisation, certes, mais aussi et surtout un ensemble de civilisations, comme les écrits des historiens Bronislaw Geremek[7], Jenö Szücs[8] et Fernand Braudel[9] le rappellent. Il ne s'agit pas uniquement de géographie, ni d'histoire, mais bien de cultures et de systèmes de valeurs religieux, politique, intellectuel, c'est-à-dire de façons de voir le monde. Le substrat commun, qui n'est pas uniquement religieux, est là aussi une convergence, dans des valeurs communes, des expériences historiques partagées, et une certaine façon d'appréhender le monde.
L'Europe, dans sa construction, dans ses incarnations, dans sa façon de se développer, est une dualité. C'est probablement le grand sociologue et philosophe Edgar Morin[10] qui a le mieux synthétisé cette tension inhérente à l'esprit et à la civilisation du continent, en évoquant ces couples de contraires qui parsèment l'histoire de l'Europe et en

6. Jacques Droz, *L'Europe centrale. Évolution historique de l'idée de « Mitteleuropa »*, Payot, 1960.
7. Bronislaw Geremek et Robert Picht, *Visions d'Europe*, Éditions Odile Jacob, 2007.
8. Jenö Szücs, *Les Trois Europes*, L'Harmattan, 1992.
9. Fernand Braudel, *Grammaire des civilisations*, Arthaud, 1987.
10. Edgar Morin, *Penser l'Europe*, 1987.

construisent l'imaginaire. Comme une grande roue taoïste mêlant les polarités yin et yang, l'Europe est une construction de valeurs dont chaque occurrence historique trouve bientôt son contraire, négation ou sublimation. Quand l'Union européenne (UE) proclame son attachement aux droits de l'homme, à la dignité égale entre tous, à la solidarité entre les peuples, elle se remémore qu'elle est née d'un «plus jamais ça» spectaculaire, dans les décombres funestes des camps de la mort, au bout des convois nuit et brouillard qui sillonnaient son territoire soumis à l'ordre noir nazi.

L'Europe est une idée d'unité née de la division. Alors que l'humanisme, prolongé par les Lumières, ouvre le double mouvement de l'individuation des hommes et de l'affirmation des communautés politiques indépendantes, la crainte et le constat du chaos engendré par cette multiplication des perspectives, la division des grands ensembles qu'elle implique et les antagonismes belliqueux qui en résultent, renforcent l'aspiration à l'unité. À mesure que la construction collective de petits ensembles nationaux vient consacrer la division de la grande communauté chrétienne dans un conflit rémanent, les Européens se prennent à rêver d'une paix perpétuelle. Oscillant entre le droit de la force et la force du droit. Mais ce qui est fascinant, c'est que l'Europe n'est jamais aussi brillante que lorsqu'elle est divisée, voire à feu et à sang. Les grandes périodes intellectuelles (l'humanisme, les Lumières, la République des lettres, la Belle Époque) correspondent toutes en même temps à des périodes particulièrement violentes, de tensions, voire de guerre.

Guerre et Paix. Humaniste et inquisitrice. Fille des Lumières et mère du commerce triangulaire. Socialiste et coloniale.

Scientifique et nazie. L'Europe est un couple de contraires jusque dans ses symboles fondateurs : à la fois mariale (elle est placée sous la protection de la Vierge Marie), elle est née, si l'on en croit le mythe grec qui lui donne son nom, d'un rapt et d'un viol. Cette tension est fondatrice pour l'Europe. Cette expérience de la dualité, de la capacité de décentrage, doit être au cœur de notre réflexion politique contemporaine. Et c'est là où, il me semble, que se noue le premier fil avec l'écologie : cette acceptation de la complexité, de la multiplicité des approches et des perspectives. Même quand la science nous introduit à une vérité, nous savons très bien que cette vérité a un caractère temporaire jusqu'à ce que la recherche scientifique nous permette d'aller plus loin dans la connaissance des choses.

La deuxième perspective, c'est l'axe du temps. Si l'idée est ancienne, l'existence concrète d'une Union européenne est récente. À peine plus d'un demi-siècle s'est écoulé depuis le discours du 9 mai 1950, du ministre français des Affaires étrangères Robert Schuman, depuis le salon de l'Horloge du Quai d'Orsay, et la signature du traité de Rome instituant la Communauté économique européenne en 1957. C'est à la fois très court, surtout à l'échelle d'un Vieux Continent chargé de mémoire et d'histoire, et cependant très long pour des générations insérées dans le rythme de plus en plus rapide des changements induits par la mondialisation – et dont la mémoire longue a tendance à nettement se raccourcir. En sept décennies, l'Europe s'est fondée en communauté, dans le sens littéral, matériel et même politique du mot. Rappelons, pour parallèle, que la France a mis un siècle et demi à considérer que la citoyenneté pouvait être vraiment universelle et donner le droit de vote aux femmes.

Les sociétés sont des corps vivants, en évolution permanente. L'Europe, en 70 ans, a accompli des choses incroyables. Elle a sculpté le ciment des cimetières[11]. Elle a entrepris de se fonder dans la réconciliation des ennemis héréditaires, réalisant la paix à l'intérieur d'une zone qui avait été une zone de guerre pendant plusieurs siècles. D'ailleurs, cette promesse de paix reste en suspens tant que l'ensemble du continent n'en est pas encore l'entier bénéficiaire : les Balkans hier, la Géorgie depuis 2008, l'Ukraine depuis 2014 et les confins européens sous la menace impérialiste poutinienne prouvent jour après jour le pouvoir d'attraction de cette aspiration à la paix et à la sécurité accomplie par l'UE. Car cette dernière est un espace dans lequel on règle désormais les différends de façon pacifique, que ces querelles soient politiques, environnementales et même frontalières.

Pourtant, dans ce miracle irénique réside un autre danger : celui de vouloir sortir de l'histoire et de faire de l'Europe un bouclier contre le temps qui passe. Guérir les blessures, guérir le temps, guérir de la guerre. Entrer dans la paix perpétuelle[12]. La construction européenne se présente comme une utopie, c'est-à-dire comme une tentative de mettre un point final au déroulé tragique de l'histoire. Ainsi, les Européens résolurent tous leurs conflits et ils vécurent heureux pour toujours – mais ils n'eurent pas beaucoup d'enfants. Mais l'idée est trompeuse : l'utopie, comme son nom l'indique, c'est d'abord une notion géographique puisque l'utopie désigne un lieu qui n'existe pas, qui n'est littéralement « nulle part ». Si l'Europe est une utopie, alors nous ne sommes nulle part. Et là se pose

11. Édouard Gaudot, « Europe – ou comment construire une identité sur le devenir. Les apories d'une mémoire commune européenne », *Cahiers philosphiques*, 2014, vol. 2, n° 137, p. 33-49.
12. Emmanuel Kant, *Vers la paix perpétuelle*, 1795.

un problème – car si l'idéal suggère un but, une idée qu'on s'efforce de mettre en œuvre, un mouvement de l'histoire, l'utopie suggère en revanche une fin de l'histoire[13], un abandon de la politique puisque le monde est devenu parfait. Cette tentation de sortir de la politique et de l'histoire fait partie des tensions inhérentes à la construction européenne. Cette Europe a aussi été construite par des hommes qui voulaient sortir de l'histoire, parce que l'histoire est douloureuse, faite de guerres, de souffrances et de sang. L'histoire, c'est la politique, et la politique, c'est la division. Cet irénisme fondateur est d'ailleurs une des raisons pour lesquelles il y a une telle influence chrétienne au début et au fondement de l'Europe.

C'est le bloc politique central sur lequel repose la construction de l'UE depuis les années 1950 : l'alliance entre les chrétiens-démocrates et les sociaux-démocrates, qui sont en quelque sorte des chrétiens sécularisés, dont la figure de Jacques Delors représente un archétype[14]. C'est ce socle-là qui a forgé toutes les majorités, aussi bien dans la plupart des pays membres de la Communauté puis de l'Union européenne, mais aussi au Parlement européen, qu'il soit désigné avant 1979 ou qu'il soit élu après 1979. Mais, depuis les années 1980 et surtout l'accélération des années 1990 post-guerre froide, le rétrécissement du bloc central – c'est-à-dire le Parti populaire européen (PPE) plus les sociaux-démocrates (SD) – est une tendance lourde. En 2014, les deux grands groupes atteignent à peine la majorité ensemble et, pour la première fois en 2019, la majorité arithmétique leur échappe.

13. Édouard Gaudot, « Utopia in an age of Apocalypse – A Reflection on the Politics of Europe and Ecology », dans Klaus Peter Müller (dir.), *Scotland and Arbroath*, éd. Peter Lang, 2020.
14. Olivier Roy, « L'Europe est-elle chrétienne ? », *Le Grand Continent*, 2018.

Ce bloc est confronté à un double défi : d'une part, résister à la radicalité qui s'exprime sur ses franges et lui conteste le monopole sur son côté du spectre (droite ou gauche) et, d'autre part, composer avec les deux autres grandes familles politiques qui se sont consolidées dans la fin des années 1990 : les écologistes et les libéraux. Ces deux familles portent les réponses à la mondialisation que les deux principales composantes du bloc central n'étaient pas en mesure de formuler. Pour les sociaux-démocrates, ce fut la remise en cause de leurs promesses de justice sociale et de leur économie politique, impossibles à tenir dans une économie ouverte et mondialisée. Pour les chrétiens-démocrates, ce fut l'épreuve de la société ouverte et l'exigence de faire place, dans leurs représentations du monde, aux groupes invisibilisés, aux minorités culturelles, sexuelles, et surtout aux femmes. L'élargissement du bloc central à quatre groupes depuis plus de vingt ans assure au Parlement des majorités dites « pro-européennes » depuis les années 1990. Car la marche du monde n'a que faire de ceux qui prétendent lui échapper. Barricadés dans leur rêve de paix perpétuelle ou leur cauchemar de forteresse assiégée, les Européens entendent l'histoire frapper à leur porte de plus en plus fort. Aujourd'hui elle porte le visage ricanant de Vladimir Poutine, qui ramène la guerre en Europe, de l'Ukraine à la Géorgie, compromettant en outre les aspirations de ces pays à rejoindre le rêve européen et troublant la paix interne des Européens. Elle porte aussi celui de la Chine de Xi Jinping, dont la puissance irrésistible accélère la désoccidentalisation du monde et la déprise européenne. Elle porte bien sûr le visage des présidents américains, détournant les yeux des encombrants aïeux du Vieux Continent dont ils n'ont plus envie d'assurer la sécurité

ou la défense. Elle porte enfin le visage des migrants, qui signalent aux sociétés européennes leur vieillissement démographique, leurs contradictions morales, leurs hypocrisies philosophiques et leurs impasses politiques.
L'axe du temps est celui de notre rapport à l'histoire et à la finalité dans tout projet politique – même écologiste. C'est celui de la remise en cause des certitudes.

Ce qui nous amène à la troisième perspective sur laquelle l'Europe nous invite à changer notre regard : il s'agit du pouvoir. Le lien avec l'écologie redevient ici organique, car l'écologie est déjà une autre forme de rapport au pouvoir. Échelle de la géographie et échelle du temps, l'écologie, surtout lorsqu'elle est politique, exige que l'action publique soit bonne pour ici et pour là-bas, pour aujourd'hui et pour demain. L'Europe reprend ce type de décentrage du regard.
Première dimension de cet apprentissage : la complexité et la multiplicité des jeux d'acteurs qui font et défont l'Europe au jour le jour. L'Europe est un sujet pluriel, composite, précipité de forces contradictoires, à tous les niveaux. Aux jeux de pouvoir institutionnels entre les différentes directions générales à l'intérieur de la Commission, aux rapports de force plus ou moins directs entre États au Conseil, aux négociations et construction de majorités à géométrie variable au Parlement européen, il faut ajouter les interventions à chaque étape d'une myriade d'agents d'influence, lobbyistes des intérêts privés, professionnels ou catégoriels, représentants d'un secteur d'activité ou d'une seule grosse entreprise, ambassadeurs de gouvernements extra-européens, de collectivités territoriales, de régions, de grandes villes, ou encore experts

et militants d'organisations non gouvernementales, associations et collectifs citoyens...
Deuxième dimension: la politique européenne ne doit pas être bonne pour un pays, une région ou un groupe d'acteurs. Elle doit répondre à l'intérêt général de 27, 28, peut-être 30 ou plus États membres, eux-mêmes porteurs d'une certaine vision de l'intérêt général – qu'ils appellent « national ». Elle doit envisager l'intérêt général de 500 millions de personnes. Mais plus encore. Qu'est-ce que l'intérêt général? De quelle communauté parle-t-on? On peut rationaliser dans tous les sens, la définition d'un intérêt général borné aux frontières de communautés politiques héritières des rapports de force militaires entre couronnes rivales, puis entre États-nations jaloux de leur souveraineté, n'a qu'une valeur dérisoire à l'échelle de l'histoire de l'humanité. Sachant les disproportions dans l'usage et l'accès aux ressources, on pourrait finalement poser l'équation ainsi: qu'importe le bien-être de 500 millions d'Européens et de 300 millions d'Américains si la planète entière est dans la misère? Le message européen doit justement être différent: non pas celui de la défense des intérêts du petit nombre – quelle que soit l'échelle retenue – mais du plus grand nombre.
Enfin, la remise en cause du monopole des États sur la définition de l'intérêt général: l'Europe est une invitation à changer notre rapport au pouvoir et aux institutions. L'Europe bouleverse les constructions pyramidales et centralisées auxquelles nous, surtout les Français, sommes habitués. La gouvernance européenne, faite de consultation et de jeux itératifs d'acteurs, de rapports de force permanent pour définir un intérêt commun et une politique efficace, n'a que peu à voir avec l'État et la démocratie

modernes. Contrairement aux fantasmes fédéralistes, ou souverainistes, l'Europe n'est pas un changement d'échelle de l'État-nation. La subsidiarité qui est au cœur de sa pratique est à la fois supra- et infra-nationale.

Là encore, le lien entre Europe et écologie est très vivace. Parce que ces deux remises en cause de notre rapport vertical, absolu, monolithique au pouvoir, procèdent de la même déprise et de la même remise en question dans les deux. L'Europe s'est saisie très tôt des questions environnementales, dès les années 1970, entre Club de Rome, sommet de la Terre à Stockholm (et premiers partis écologistes, d'ailleurs). Les premiers programmes environnementaux européens remontent à 1972, car c'est inhérent à la préoccupation transnationale qui anime la construction européenne. L'environnement et l'écologie sont transfrontaliers, transnationaux, et transcendent l'ordre de la souveraineté des États, car ils concernent l'intérêt général de l'ensemble des populations.

Des premières directives sur les habitats, les oiseaux migrateurs, la qualité de l'air, de l'eau, au premier marché du carbone et des nitrates, et aux premiers paquets climats, l'Europe chemine vers ce Green Deal de 2019 porté par la société civile, les mobilisations de la jeunesse et le dynamisme de certains partis verts. Le bilan de ces cinq années de législation est incomplet – mais impressionnant[15].

Pourtant, le problème que nous avons aujourd'hui est que si la dimension énergétique et climatique du Green Deal s'est à peu près frayé un chemin dans les politiques et les comportements, les autres aspects ont touché trop profondément à nos représentations du monde. Lorsqu'il s'agit

15. Voir l'infographie « Green Deal, l'heure du bilan », *Contexte.com*, 30 avril 2024.

de la biodiversité et du vivant, de nos consommations et de notre occupation du territoire, la remise en cause des pratiques et des façons de vivre ne passe pas aussi bien.
C'est ainsi que le Green Deal a fait basculer l'écologie dans les guerres culturelles, c'est-à-dire dans les remises en cause non plus simplement de notre économie carbonée, mais dans les remises en cause de notre façon profonde de nous mouvoir, de nous nourrir, de fonctionner. Jusqu'à en faire le point d'achoppement politique et le grand enjeu des élections européennes de 2024 – et des nouveaux équilibres qui en découlent.
Plus que jamais, le lien entre Europe et écologie se pose en termes d'enjeux civilisationnels.

## S'OPPOSER À LA BARBARIE

**Marie Yared**[1]

Avaaz (qui signifie «voix» dans plusieurs langues d'Asie, du Moyen-Orient et de l'Europe de l'Est) est une organisation non gouvernementale (ONG) unique en son genre, financée entièrement par ses membres et se distinguant par ses mobilisations mondiales à la fois en ligne et sur le terrain. Connue notamment pour avoir organisé les premières marches pour le climat, Avaaz a su marquer son empreinte dans des contextes électoraux, comme au Brésil, en Espagne, en Pologne et, en 2019, en Europe[2].

### Quand rien n'est aussi constant que le changement

La mauvaise nouvelle, c'est qu'il n'y a pas une recette miracle pour gagner contre l'extrême droite. Chaque campagne menée doit être adaptée à un contexte, lui-même en perpétuelle évolution. Les tactiques et canaux de communication qui font mouche aujourd'hui seront probablement obsolètes à la prochaine élection. Par exemple, l'applica-

1. Marie Yared est directrice sénior des campagnes internationales de l'ONG Avaaz, spécialiste de l'engagement citoyen, cofondatrice d'Action pour les salariés du secteur associatif (ASSO), premier syndicat du secteur, et organisatrice des premières marches pour le climat.
2. Cet article présente les points clés de notre approche et les leçons tirées de nos actions sur le terrain.

tion WhatsApp est incontournable au Brésil[3] depuis longtemps, tandis que son influence réelle est plus récente en France. Parallèlement, Facebook a énormément perdu de terrain. En fonction de nos audiences cibles (voir à ce sujet l'excellent travail de Destin commun sur les « Familles de valeurs[4] »), les éléments de langage, tactiques, médias et réseaux sociaux privilégiés seront différents : TikTok est devenu un passage obligé si l'on veut toucher les jeunes, tandis que l'on fera chou blanc sur le réseau social chinois si l'on veut cibler les seniors, qui restent adeptes des e-mails. S'agissant de l'angle d'attaque, le seul « sursaut républicain » ne suffit plus à mobiliser face à l'extrême droite en France. Historiquement, la diabolisation de l'extrême droite a été une stratégie efficace, notamment pour faire barrage. Elle continue de fonctionner dans une certaine mesure en Allemagne, mais s'avère moins pertinente actuellement[5].

## « L'union fait la force » *aka* « se serrer les coudes »

Il est indispensable de marteler nos messages à travers divers canaux et protagonistes, sans se faire d'illusions sur la capacité à réussir à mobiliser seuls. Problème : la société civile progressiste est très morcelée, chacun agit en solo, il y a des doublons, et on a facilement l'impression d'être engagé, contre l'extrême droite, dans un combat de David contre Goliath. En face, l'organisation semble au contraire très coordonnée et unie[6].

---

3. Jean-Mathieu Albertini, « Au Brésil, WhatsApp est un outil de propagande massive », La Revue des médias–INA, 2 avril 2021.
4. Destin commun, « La France en quête », 2019. www.lafranceenquete.fr
5. Antoine Bristielle, « Les conséquences électorales de la dédiabolisation de Marine Le Pen », Fondation Jean-Jaurès, 8 février 2024.
6. Sofia Fischer, Philippe Gagnebet, Benjamin Ketlz, Alexandre Lenoir, Gilles Rof, Richard Schittly et Jean-Pierre Tenoux, « Les bataillons de la "normalisation" du Rassemblement national », *Le Monde*, 22 avril 2022.

Dès le début de la campagne d'Avaaz pour les élections européennes de 2024, nous avons eu à cœur de mobiliser et coordonner une alliance de la société civile et de personnalités influentes. *In fine* ce volet très chronophage d'engagement des «célébrités» a eu peu de résultat et a vite été abandonné, faute de moyens humains, au profit de l'engagement redoutablement efficace de créateurs de contenu (influenceurs) aux centaines de milliers d'abonnés.
Le groupe ad hoc «Pas de RN pour les européennes», cofondé avec Magali Payen[7] et rejoint par des associations variées, a, quant à lui, été un lieu informel mais efficace de partage d'informations, d'opportunités et de mutualisation de ressources, outils et événements.
Au final, en trois mois de campagne, Avaaz a formé une quinzaine d'organisations et des centaines de milliers de personnes au «co-vote» («opération Moi+Trois») en plus de développer de nombreux visuels, événements et outils en marque blanche pour nos partenaires.

## Une partie de campagne ?

Pas vraiment. Contrairement à l'Allemagne, où l'AfD se discrédite toute seule avec des néonazis repoussoirs, et à la Pologne, où la population a une expérience directe de la droite dure au pouvoir, le Rassemblement national (RN) en France bénéficie d'une image plus policée, aidée par des figures provocatrices comme Éric Zemmour qui les feraient passer pour des enfants de chœur. Dans ce contexte, et dans celui de la banalisation des idées et alliances d'extrême droite, les citoyens distinguent moins clairement les risques réels de basculement de leur vie en cas de victoire du camp de la barbarie.

7. Voir son article en page 64 de ce numéro.

Une difficulté notable tient au fait que les « progressistes » ont bien plus de scrupules que le camp adverse qui n'hésite ni à intimider (notamment via des procédures bâillons pour diffamation à la moindre critique ou des lâchers de trolls violents), ni à mentir.
La banalisation des violences en ligne et hors ligne, des discriminations et du racisme, s'expérimente aussi dans nos échanges avec les journalistes. À de notables exceptions près, ils paraissent désinvestis, voire timorés, quand il s'agit de couvrir les turpitudes de l'extrême droite. Ce n'était pas le cas il y a dix ou quinze ans. Désormais, il se trouve parmi les candidats RN d'ex-miliciens de la Cocarde[8], et des projets d'attentats de masse d'incels liés au RN sont déjoués, événements qui ne font pas plus d'un entrefilet dans la presse du jour.
Enfin, clairement, certaines élections intéressent davantage que d'autres. Nous avons fait face à un fort désintérêt du public, pour lequel l'Europe n'est un enjeu ni attrayant, ni compris. Cette année, la difficulté de s'engager à deux mois du scrutin s'est atténuée à dix jours du vote.
Ces campagnes sont semées d'embûches et clairement plus complexes que dans les systèmes bipartisans où il est plus facilement possible de mobiliser « contre », et donc en creux « pour » l'offre politique alternative.

## Osons ou résignons-nous à tout

Au cours de ces campagnes, la flexibilité fait la force, et il ne faut pas hésiter à tester, rater, recommencer, et ainsi de suite, jusqu'à identifier les quelques tactiques qui mobilisent le mieux. Surtout ne rien lâcher.

8. Daphné Deschamps et Arthur Weil-Rabaud, « Pierre-Romain Thionnet, le radical lieutenant de Bardella », *StreetPress.com*, 28 mai 2024.

Il est nécessaire de tester régulièrement de nouvelles tactiques et de nouveaux messages, en s'inspirant des recherches et des outils éprouvés – comme ceux du GSCC network sur les éléments de langage les plus impactants auprès du public : « *Stay at home progressives* ». Nous abandonnons sans regret ce qui n'offre pas de retour sur investissement. Cela vaut vraiment la peine sachant qu'un sujet d'e-mail peut susciter trois fois plus d'engagement comparé à un autre.

Les dix derniers jours de campagne, c'est là que tout se joue. Les efforts doivent se focaliser sur ce qui fait mouche, en adaptant aux publics cibles les différentes tactiques : pour déstabiliser l'adversaire, la saisine, par les médias et les opposants politiques, de données clés dans les débats peut faire une vraie différence. Dans le cas d'Avaaz, nous avons notamment sorti du contenu, en grande partie sur X (ex-Twitter), relatif aux accointances avec les lobbies des multinationales[9] et aux liens avec des dictateurs.

Tandis que, pour communiquer auprès du grand public, il s'avère plus porteur de vulgariser et de diffuser largement d'autres types de contenus, en privilégiant les réseaux sociaux. Nous avons ainsi collaboré avec des influenceuses féministes au sujet des atteintes aux droits des femmes par le RN, et avec des influenceurs écolos sous l'angle du climat.

Le thème « Jamais plus jamais » demeure très mobilisateur, quand certaines voix s'en emparent. Quelques jours avant le vote, nos équipes en Allemagne et en France ont coordonné une conférence de presse[10] et une lettre[11]

9. « Marine Le Pen doit s'expliquer ! », *Avaaz.org*, 16 mai 2024.
10. « Européennes 2024 : des survivants de la Shoah appellent les jeunes à voter contre l'extrême droite », *Le Parisien*, 5 juin 2024,
11. « Européennes 2024 : “Plus jamais ça, c'est maintenant” », *Le Monde*, 5 juin 2024.

de survivants de l'Holocauste à leurs petits enfants. Le caractère poignant de ces témoignages a touché de nombreuses rédactions et citoyens, y compris au sein de publics plus conservateurs.

## La communication qui fait front

Avaaz est de taille réduite par rapport à d'autres ONG de mobilisation citoyenne comme Oxfam, Greenpeace ou Amnesty International. Notre petite équipe se trouve donc très souvent face à des choix cornéliens quant aux tactiques, car nous ne pouvons pas mener quantité de projets de front. Parmi ces choix stratégiques ou liés à nos moyens limités, nous avons tout d'abord décidé d'ignorer carrément le parti Reconquête! pour ne donner aucun espace médiatique à ces provocateurs, dont la radicalité profite au RN. Ensuite, forts de données sur les arguments qui sont les plus porteurs pour convaincre face au RN, notre stratégie a été d'imposer nos thèmes sans se disperser. Les cadres du RN sont très bons pour marteler leurs propos et focaliser sur les deux ou trois sujets qui leur sont les plus favorables. Nous avons donc maintenu le cap sans nous laisser distraire, en martelant nous aussi sur les trois thématiques que nous avions identifiées comme les plus porteuses : l'imposture de la défense des femmes, les liaisons dangereuses avec les dictateurs violents et les liens avec les lobbies des multinationales.
Sans adopter leurs politiques, il y a certains terrains que nous gagnerions toutes et tous à (re)conquérir – et pas que Tiktok, où Jordan Bardella fait un carton, et que nous n'avons pas eu les moyens (le courage ?) d'investir. Ainsi, nous avons eu à cœur d'adopter leur langage concret, humain et imagé (mais pas leur politique !) pour évoquer l'Europe, l'impact de leurs

votes et politiques. Il y a un véritable enjeu de réappropriation des symboles de la France, par exemple le patriotisme ou la Marianne, qui résonnent fortement dans l'imaginaire collectif. Si on les laisse faire, après De Gaulle, le patriotisme, Marianne, la lutte contre l'antisémitisme, la laïcité, ils vont tenter de récupérer les résistants communistes comme Manouchian. Ah, c'est déjà fait?

Enfin, un dernier point sur la communication en général : résister à la tentation du cool. Les projets, références, initiatives cool peuvent avoir un effet très excluant. Mes collègues avaient eu l'idée d'un rassemblement de jeunes à Berlin, qui aurait déconnecté 90 % des Allemands non hipsters, non Berlinois. Quand, comme moi (!), on ne fait pas partie du club du cool, quand on n'a pas les références, ces initiatives sont très excluantes. Le RN, par exemple, a su se montrer accessible et à l'écoute en milieu rural, contrairement à des partis jugés plus élitistes et déconnectés.

## Une tragédie en trois actes

Lors des dernières élections en Pologne et dans d'autres scrutins, plusieurs groupes ont testé une approche efficace pour gagner contre l'extrême droite. C'est la même approche, que l'on retrouve dans le film chilien *No*, de Pablo Larraín (2012), qui aurait fait remporter le référendum du « no » au dictateur Augusto Pinochet.

Cette approche consiste à :

- Acte 1 : Décrédibiliser, en exposant leurs affres.
- Acte 2 : Faire entendre les voix citoyennes, en diffusant des contenus engageants et inspirants.
- Acte 3 : Faire apparaître des avantages comparatifs, en offrant une vision claire et concrète des solutions alternatives.

S'agissant de l'acte 1, il ne s'agit pas de diaboliser. En diabolisant, on conforterait la prophétie auto-réalisatrice d'un parti qui est puissant et qui va gagner. La clé est de montrer que des farfelus seraient incapables de gouverner.

En revanche, c'est le moment de (re)ssortir les casseroles. On part toujours du principe que tout le monde sait, mais en fait tout le monde ne sait pas. Sans entrer dans un jeu de polarisation simpliste « bien vs mal », ces dernières semaines nous avons publié plusieurs mémos à destination de la presse. Par exemple, celui sur les liaisons dangereuses du RN[12], repris par plusieurs candidats et médias, fait le tour d'horizon des liens avec Donald Trump, Vladimir Poutine et Bachar Al-Assad.

Comme le note le spécialiste des campagnes contre l'extrême droite Arun Chaudhary, une technique éprouvée de décrédibilisation de nos adversaires consiste à souligner leurs priorités « étranges » plutôt que de les qualifier de « malfaisants ». En politique, avoir l'air normal et sain est généralement bien vu.

Comme pour la stratégie gagnante de la campagne chilienne contre la Junte, il s'avère toujours plus efficace de saturer les réseaux sociaux et la population de visuels et vidéos faisant passer nos adversaires politiques pour des guignols sans génie que de dénoncer leurs méfaits. Une stratégie à l'impact redoutable, mais sur laquelle nous n'avons pas misé pour cette campagne.

Cette année, Avaaz a particulièrement tenu à souligner les politiques anti-France et même anti-Français du RN, notamment via la campagne « McDo », en s'appuyant sur

12. Avaaz, « Puissances étrangères : les liaisons dangereuses du RN », note de contexte, 9 avril 2024, https://ar.avaaz.org/page/fr/media/pressreleases/1111.html

les révélations fournies et étayées de Jordan Allouche[13] pour communiquer auprès de nos membres en France et inviter en masse des journalistes à confronter Marine Le Pen et Jordan Bardella à ces révélations.
S'il ne fallait retenir qu'une chose, la clé est de montrer que les dirigeants d'extrême droite sont incapables de gouverner. Le RN a fait un très gros effort pour travailler son profil et paraître apte au pouvoir. Mais sous le vernis, il y a toujours un vide, qu'il ne faudrait pas se priver de creuser.

13. Sur son site www.JeVoteLobby.fr

## L'OBSESSION DE LA CROISSANCE MÈNE À LA DESTRUCTION DU MONDE

**Hélène Sanchez**[1]

Le monde se complexifie et, comme disait Francisco de Goya, « le sommeil de la raison engendre des monstres ». La Corse connaît aussi sa progression des idées d'extrême droite, qui deviennent majoritaires. Il y a même une droite à droite de l'extrême droite, avec des groupuscules masculinistes, identitaires et violents.

### Dans le programme de la liste des Européennes conduite par Marie Toussaint, l'idée centrale est : « Faut-il changer de modèle ? »

Oui, il faut changer de modèle : l'obsession de la croissance mène à la destruction du monde vivant et même de l'ensemble de l'environnement, donc du monde humain. Pour la Corse, notre île se trouve au milieu d'une mer Méditerranée elle-même malmenée, polluée, défigurée, pour ainsi dire à l'agonie, devenue le plus grand tombeau de notre époque, mais aussi niée, car sans vision euro-méditerranéenne, malgré les résolutions adoptées au fil du temps. Changer de modèle à du

1. Hélène Sanchez est écologiste, présidente du comité de soutien Corse, candidate aux élections européennes de 2024 sur la liste de Marie Toussaint (Les Écologistes) et candidate du Nouveau Front populaire pour la 2e circonscription de Haute-Corse aux élections législatives de 2024, membre des Écologistes et du mouvement Utopia Corsica, éditeur et graveur d'art.

sens. Le tout-tourisme destructeur favorise tous les maux de l'île, le développement clanique, l'exode des jeunes, le vieillissement de la population, la pauvreté d'une partie importante de la population…

## Comment changer de modèle ?

Les Verts européens sont les seuls fédéralistes par nature, car ils reconnaissent le droit de disposer de soi-même individuellement et collectivement. L'évolution institutionnelle de notre pays apparaît être une nécessité. Nous savons qu'en France nos institutions rigides ne sont plus adaptées à la nouvelle histoire que nous devons écrire.
Mais quel est horizon pour la République française ? Comment construire ? Et avec qui ?

**1. Militer pour une évolution de la démocratie**

Actuellement, les discussions sur le processus d'autonomie[2] ne s'envisagent que dans des réunions entre élus, chefs de cabinets, lors de petits-déjeuners plus ou moins secrets ou de dîners entre élites.

Ne pas déposséder le peuple de sa parole, voilà l'enjeu. Dès à présent, la collectivité territoriale de Corse pourrait aisément organiser des ateliers pour que les citoyens, les associations, les services publics s'expriment et construisent collectivement un projet d'autonomie.

L'autonomie législative et réglementaire réclamée en Corse peut permettre de dépasser le mal-développement. Pourtant, les lobbyistes représentants les industriels du tourisme, la grande distribution et l'immobilier poussent pour s'affranchir des contraintes législatives. La difficulté est de ne pas se laisser entraîner là où l'on ne veut pas

2. Réforme constitutionnelle engagée en 2023 visant à l'intégration d'un titre consacré à la Corse dans la Constitution.

sombrer. Il faut militer pour des politiques publiques respectueuses des hommes et des femmes qui vivent sur cette île, y travaillent, sans différenciation entre ceux nés ici ou là bas, immigrés nés sur place ou installés, tout cela dans une communauté de destin.
Une démocratie renouvelée en rupture avec les pratiques actuelles, c'est-à-dire clanistes, pour créer un territoire où la voix de chaque citoyen compte, c'est possible.

**2. Intégrer la justice sociale dans l'écologie**

Le programme des écologistes indique qu'il n'y aura pas de transition écologique sans construire en même temps la justice sociale. La Corse est la région la plus pauvre de France métropolitaine, avec près de 20 % de la population en dessous du seuil de pauvreté. En outre, il existe une grande disparité entre les plus riches et les plus pauvres. Les élus corses réclament un statut fiscal particulier. La fiscalité ne doit pas être laissée aux soi-disant spécialistes. La collectivité s'est acoquinée avec les représentants des notaires et grosses fortunes et veut nous faire croire que l'exonération des droits de succession sauverait la Corse. Je suis persuadée que la création d'un fond dédié à la lutte contre la pauvreté alimenté par les droits de succession est une solution pour faire reculer durablement la pauvreté. Et j'ajoute qu'éradiquer la pauvreté est un impératif moral.
Nous, écologistes, sommes pour une fiscalité environnementale[3] qui protège et régule, pour des subventions éco-conditionnalisés. Les écologistes européens défendent l'agriculture paysanne contre l'industrie agricole. En Corse, 95 % de notre alimentation vient du continent. Lorsque nous disons que l'autonomie alimentaire doit être un objectif, c'est le bon sens qui parle.

3. TVA verte pour les produits sains, durables, polluants et fabriqués en Europe.

Notre énergie vient principalement de centrales au fioul. Malgré les mobilisations depuis des dizaines d'années autour de ce thème, aucune évolution n'est envisagée pour accéder à une autonomie énergétique et à la sobriété énergétique. Au contraire, c'est une plus grande dépendance avec l'étranger qui est promue.

**3. Militer pour une évolution du droit**

Prenons l'exemple de la lutte pour les droits du fleuve Tavignanu[4], dont le cours subit l'exploitation d'un centre d'enfouissement technique de déchets ménagers et assimilés, de déchets amiantés et de terres amiantifères. La dégradation situé au fil de ses méandres, sur un terrain instable, nous a fait comprendre que nos combats environnementaux doivent trouver un prolongement juridique. Le droit à l'urbanisme –dont la loi littoral– est un rempart contre la bétonisation mais ne suffit pas. Une norme juridique supérieure et contraignante, inscrite dans un traité européen permettrait un saut quantitatif dans la protection de la nature. La reconnaissance de l'existence de biens communs inaliénables est une piste.

Concevoir collectivement des alternatives positives n'est pas facile quand le moral des citoyens est au plus bas mais, pour les écologistes qui croient en l'avenir, c'est la seule solution. Qui veut uniformiser le monde et écraser les cultures et les identités ? Ce sont les mêmes qui ne respectent pas les écosystèmes, qui traitent le monde comme une marchandise. Leurs représentants sont la droite, l'extrême droite et les sociaux-démocrates défendeurs des pratiques économiques destructrices. Il ne peut y avoir d'émancipation des peuples sans solidarité, sans respect de la terre et de la nature.

---

4. Déclaration des droits du fleuve Tavignanu du 29 juillet 2021 (extrait) : « Le fleuve Tavignanu est une entité vivante et indivisible de sa source jusqu'à son embouchure, délimitée par son bassin versant, et dispose de la personnalité juridique. » https://www.tavignanu.corsica/declaration-des-droits-du-fleuve-tavignanu

## Conclusion
## POUR UNE ÉCOLOGIE DE COMBAT À LA HAUTEUR DE L'ENJEU
**Erwan Lecœur**

Comment conclure une telle succession de témoignages et de mises au point sur des phénomènes en cours sans désespérer face à ce qui menace et prend de l'ampleur du côté des formes de barbarie, qui occupent de plus en plus de place dans nos vies? Montée des extrêmes politiques et religieux, nationalismes et discours de haine identitaire, guerres et massacres, ultralibéralisme débridé et consumérisme addictif... La barbarie gagne du terrain et envahit toutes les activités humaines.

Face à ce déferlement, sans doute faut-il reprendre les choses à l'origine, à la racine, et rappeler que l'écologisme (la version politique de l'écologie) est un combat pour une forme de vie, voire de survie, et pas une simple opinion ou option à choisir dans le supermarché du prêt-à-porter des idées politiques. Peut-être faudrait-il aussi redire que, face à la vision du monde que proposent les «barbares», il faut proposer une autre vision du monde et de l'avenir, au moins aussi forte, plus solide, raisonnable et attirante, capable de résoudre les problèmes essentiels et urgents, ceux de la crise écologique et sociale majeure en cours, plutôt que des chimères identitaires.

Tout cela est urgent, car il est déjà tard, et nous avons perdu beaucoup de temps.

## Un combat qui n'est pas mené est perdu d'avance

Au fil des rencontres et des contributions qui composent les pages qui précèdent, une image se dessine peu à peu: celle d'un affrontement inégal, d'un combat qui ne serait pas mené sérieusement, pas pris au sérieux, mal préparé, par l'un des protagonistes en lice, depuis environ 40 ans (Dominique Bourg).

L'écologisme –dans sa version politique– est une vision du monde, une idéologie qui ne s'assume pas comme telle. Une façon de voir les choses radicalement différente des idéologies précédentes (libéralisme, socialismes, fascisme...), qui ne se rendrait pas bien compte qu'elle doit affronter une lutte pour «l'hégémonie culturelle» –une notion conçue par le théoricien communiste et antifasciste Antonio Gramsci, que les idéologues de la Nouvelle Droite ont repris à leur compte depuis plus de 50 ans.

L'écologisme, qui propose de fonder sa proposition sur une science (l'écologie) et d'en tirer des objectifs à atteindre et des principes à respecter (dont le «principe de responsabilité» du philosophe Hans Jonas), ne semble pas préparé à se hisser à la hauteur de l'enjeu, au niveau nécessaire pour influencer la société en profondeur (à l'aide de la théorie des «minorités actives» de Serge Moscovici, penseur et psychosociologue écologiste) pour gagner la «bataille des imaginaires», qui passe par l'imposition ou la généralisation de modes de vie compatibles avec cet intérêt général d'un nouveau genre, incluant les générations futures et les non-humains, qu'évoque Fabrice Flipo. Dans les faits, la «guerre culturelle» est déclarée, comme le rappelle

Édouard Gaudot à propos de l'Europe. Il va falloir s'en donner les moyens si on ne veut pas la perdre sans même avoir essayé de combattre les vents mauvais.

## Partout la barbarie gagne du terrain

La ruralité et les agriculteurs semblent pris en otage par les visions les plus réactionnaires et agressives d'un « retour à la terre » qui cache mal les intérêts bien réels de quelques grands propriétaires profitant du système productiviste, voire des industriels de l'agroalimentaire et des produits phytosanitaires, qui ont fait main basse sur les organisations syndicales (la FNSEA est gérée par un dirigeant de multinationale du secteur ; la Coordination rurale est pilotée par quelques ultras du coup de force médiatique). Marie Pochon et Benoît Biteau sont élu·es de la ruralité et nous dressent le tableau : ces acteurs ont aussi envahi les chambres d'agriculture, évinçant ainsi les paysans en bio et les nouveaux acteurs de la ruralité, soucieux d'équilibres et de préservations des sols.

Partout, dans les villes comme dans les villages, le modèle productiviste et l'obsolescence programmée sont les scories d'une approche intenable – en termes de ressources – dont on ne pourra sortir qu'en proposant des voies vers une réelle sobriété « soutenable », comme le précise Samuel Sauvage. Au-delà d'une idée, ou d'une morale, c'est donc plutôt la question des modes de vie et de la possibilité d'inventer des manières de faire évoluer la société (codes, normes, etc.) qui est au cœur de la résolution de ce dilemme, explique Fabrice Flipo.

Il y a combat puisque conflit de valeurs, mais aussi de principes et de priorisation – quelle crise est la plus urgente : écologique ou identitaire ? Et cette opposition frontale perdure depuis au moins 40 ans de notre vie politique (Dominique Bourg) sans que les écologistes aient trouvé le moyen de faire gagner leurs idées dans le champ du réel, celui de l'influence et des récits. C'est ce à quoi nous invite Magali Payen, qui décrit le monde qui nous attend si les écologistes ne réveillent pas leur potentiel et ne prennent pas au sérieux la menace qui pèse sur eux, en particulier.

## La guerre médiatique a bien lieu

Du côté des médias, les témoignages de journalistes et de spécialistes de ces sujets vont tous dans le même sens : les évolutions récentes des directions de grands médias (télévision, radio, journaux et magazines) font apparaître une véritable hécatombe. L'empire du groupe Bolloré en est le principal symptôme visible, avec son rachat à bas prix des médias Lagardère et sa prise de contrôle du groupe Canal+, du *Journal du dimanche* et des magazines du groupe Prisma, ainsi que de presque la moitié des maisons d'édition du pays.

Les médias privés font de la politique à droite de la droite et ne s'en cachent plus. L'agenda ultraconservateur, xénophobe et politico-religieux du vieil ami de Nicolas Sarkozy (que ce dernier avait accueilli sur son yacht au lendemain de son élection, comme un symbole de l'affairisme de cette droite « décomplexée ») est visible à toute heure sur ses chaînes de télé et dans sa presse.

Comment continuer à faire du journalisme et espérer encore tenir la barre de la démocratie quand les courants les plus forts et puissants semblent contraires, les vents mauvais et les écueils se rapprocher ? La critique des médias était restée longtemps une spécialité de la gauche (parfois radicale), par souci d'exigence, d'impartialité, d'éthique journalistique ou d'équité. Une tâche qu'Anne-Sophie Novel poursuit à travers ses enquêtes –sur les médias–, en y ajoutant une dimension engagée, en tant que journaliste et formatrice auprès de rédactions sur les enjeux écologistes et leur importance pour décrypter l'actualité et la retranscrire. Son approche a pris depuis quelques années un nouveau tournant : la lutte contre les infox (*fake news*) et autres manipulations de l'information par des groupes médiatiques privés, résolument opposés à toute approche écologique ou sociale des événements. Un nouveau « carbo-capitalisme » se développe au grand jour, en rassemblant les dirigeants de grands groupes aux intérêts anti-environnementaux bien compris (Total, Suez, Engie, etc.). La montée des agressions et des attaques à l'égard des défenseur·es de l'environnement doit désormais être perçue et analysée comme un phénomène plus général d'« écolobashing » organisé et stratégique, dans les médias et sur les réseaux sociaux numériques. Ces attitudes donnent à voir la partie active et en voie d'expansion d'une opposition frontale de plus en plus nette entre l'écologie et un « carbo-fascisme », selon l'auteur et militant écologiste Andreas Malm, qui a opté pour la méthode forte et la guerre culturelle contre les « Ayatollah verts », ces « pastèques » (vert à l'extérieur, mais rouge à l'intérieur), selon l'expression inventée par Jean-Marie Le Pen lui-même. Avec les personnalités et les médias qui soutiennent ce camp politique, la guerre des mots est déclarée entre l'écologie et la barbarie.

## Les mots de la Nouvelle Droite pour mener la guerre sémantique

Les mots sont taillés sur mesure. Ils viennent de loin et ont été forgés depuis les années 1970 par les idéologues de la Nouvelle Droite, dont la stratégie consiste à souffler le chaud et le froid en utilisant des termes chocs, repérables, capables de provoquer la confusion des auditoires. Depuis que le Groupement de recherche et d'études pour la civilisation européenne (Grece) (notamment l'intellectuel tenant de la «métapolitique» Alain de Benoist) et le Club de l'horloge (dont Jean-Yves Le Gallou, inventeur de la «préférence nationale» pour le Front national, conseiller de Bruno Mégret puis d'Éric Zemmour) ont posé les bases de ce nouveau schéma discursif, en reprenant parfois les thèmes de l'adversaire pour les transformer en armes de combat sémantique (racisme «différentialiste» plus culturel, l'apologie des «droits de peuples à disposer d'eux-mêmes», l'idée de «localisme», etc.), la droite nationaliste n'a cessé de voir ses thèmes de prédilection entrer dans la conversation médiatique et ses idées progresser dans les esprits. La méthode privilégiée de ces manipulateurs d'esprits, c'est la confusion, alternant la provocation (pour faire bouger les lignes, selon la théorie de la fenêtre d'Overton) et le «bon sens» rassurant. Ils passent de l'humour graveleux (Cyril Hanouna, Jean-Marie Bigard, et autres youtubeurs identitaires) à l'analyse pseudoscientifique, mélange d'histoire de France pour les nuls (Zemmour sur Pétain), d'anthropologie orientée (Emmanuel Todd et ses structures familiales), mixée à la sauce moralisatrice et philosophique anarcho-libertarienne, sous couvert de littérature réaliste (Michel Onfray, Michel Houellebecq…). Derrière ce fatras organisé, l'objectif est la confusion des esprits, qui permet le ciblage des ennemis de la France, responsables du désordre (islamo-gauchistes, élites déconnectées, bobos écolos, féministes, etc.) et l'omniprésence des thématiques porteuses dans le débat public: l'immigration, l'islam, l'insécurité et le déclin de la civilisation…

## Semer la confusion : une théorie du chaos destructeur

La récente série « La Fièvre » (produite par Canal+, un paradoxe de plus) montre bien les mécanismes et l'imminence de cette montée des périls, de cette « guerre civile » aux relents identitaires qui monte dans l'opinion et les médias, alimentée par les « ingénieurs du chaos » (selon l'écrivain Giuliano da Empoli) et autres trublions médiatiques, qui bénéficient de cette « foire au sens ». Les grands gagnants de cette folie des nouveaux modèles médiatiques sont les entreprises qui contrôlent et utilisent les Internet et réseaux sociaux, sur lesquels la « guerre de l'attention » est permanente. Les ingénieurs de cette guerre culturelle ont mis les moyens pour gagner la partie : la « fachosphère » compte des milliers de sites, des centaines d'influenceurs en tous genres, des dizaines de chaînes Youtube… et des spécialistes organisés et financés qui se révèlent de plus en plus capables d'orienter les *threads* (« fils de discussion ») pour orienter les *trends* (« tendances ») en temps réel (Magali Payen).

En jouant de l'esprit libertaire des débuts, de l'anonymat relatif et de la liberté de ton affichée, la fachosphère a réussi à attirer des publics diversifiés au fil des années : depuis les forums de jeux en ligne, pour recruter de nouveaux adhérents en quête d'aventure identitaire, jusqu'aux réseaux de gilets jaunes mobilisés contre la taxe carbone et l'intervention de l'État, en passant par les antivax et anti-pass sanitaire durant la crise du covid-19, les cibles potentielles sont diverses et les mènent à des formes de confusionnisme agressif et de refus du « système » sanitaire, politique, démocratique, ou autre.

Comme le rappelle Isabelle Kersimon, le site web politique le plus consulté est celui d'Alain Soral (2,3 millions de followers). Et la personnalité politique préférée des jeunes en 2024 (48 % d'appréciation favorable auprès des 16-30 ans) n'est autre que Jordan Bardella, qui compte plus d'un million d'abonné·es sur Tik Tok. La bataille politique et idéologique se mène désormais sur les chaînes d'info, avec leurs talk-shows permanents et leurs répliques et diffusion massive sur les RSN (réseaux sociaux numériques) sous forme de mini-vidéos avec mots-clés, préparées par des spécialistes, aidés par des robots qui vont envoyer en boucle à des followers qui feront progresser la visibilité en likant et partageant (algorithmes).

Et pour le plus grand bonheur de ces « nouveaux barbares », ces formats sont parfaitement adaptés aux messages chocs, courts, clivants, non régulés et non vérifiables. « Touche pas à mon poste », émission de Cyril Hanouna étudiée par la chercheuse du CNRS Claire Nouvian, et X (ex-Twitter), devenue le lieu de toutes les outrances aux mains d'Elon Musk, en sont l'incarnation parfaite : liberté totale et agressivité maximale en guise de recette pour attirer l'audience et déchaîner les passions. Un défouloir et un champ d'expérimentation idéal pour tous les ennemis de la modération et de l'intelligence des situations. Le paradis, pour ce monde infernal et guerrier au sein duquel trônent les infox et autres « vérités alternatives » : Facebook a aidé Donald Trump à se faire élire (affaire Cambridge Analytica), WhatsApp a été l'instrument de la victoire de Jair Bolsonaro, et les fermes à trolls (russes, israéliens, etc.) font le travail de sape qui met à mal les restes de confiance, de cohésion et d'espoir collectif qui cimentaient nos sociétés démocratiques. Une barbarie à visage humain (trop humain) s'avance par les réseaux non régulés, soutenue et amplifiée par l'intelligence artificielle et les algorithmes tronqués.

## L'écologisme, une idéologie qui n'a pas mené le combat

Depuis plus de 50 ans (en 1974, René Dumont était le premier écologiste à se présenter à l'élection présidentielle), les partis et mouvements écologistes tentent d'alerter sur la catastrophe en cours. Pour leur malheur, ils ont réussi. Plus de la moitié des Français pensent qu'un «effondrement de notre civilisation est en cours»; ce qui ferait de la France une «patrie de la collapsologie» (65 %, selon un sondage Ifop de 2019 réalisé pour la Fondation Jean-Jaurès[1]). Mais les porteurs du message ne sont pas forcément ceux que l'on voudrait voir au pouvoir pour autant. De même que le parti écologiste était le préféré des Français depuis 40 ans, et jusqu'en 2022, sans que le vote de ces sympathisants aille dans le sens de cette appréciation, ce paradoxe (des sympathisants non électeurs de l'écologie) était inversé pour l'extrême droite: longtemps repoussoir, le Front national (FN)/Rassemblement national (RN) n'était pas apprécié, mais on votait de plus en plus pour Le Pen.

En 2023, les courbes ont évolué et le RN est devenu le parti préféré des Français. C'est inédit et révélateur d'une véritable «normalisation», «moyennisation» de ce parti auprès de nouveaux électorats: femmes, jeunes, LGBT, classes moyennes, employé·es de la fonction publique… Ce que Luc Rouban nomme «la vraie victoire du RN[2]».

Pendant ce temps, les écologistes ont stagné sur la scène politique nationale et ont conquis plusieurs grandes villes. Implantée dans quelques villes, obligée de nouer des alliances pour exister à l'Assemblée, ou dans les Régions,

1. Jean-Laurent Cassely et Jérôme Fourquet, «La France: patrie de la collapsologie?», Fondation Jean-Jaurès, 10 février 2020.
2. Luc Rouban, *La Vraie Victoire du RN*, Presses de Sciences Po, 2022.

l'écologie en politique n'a pas démontré sa puissance, ni sa capacité à exister en tant que vision du monde alternative au libéralisme gestionnaire, ou à la droite identitaire. Pour espérer changer la société et porter la critique du monde tel qu'il ne va pas, à la place des néofascistes, il faut entrer dans cette bataille d'imaginaire et proposer de «nouvelles formes de vie[3]» qui réinventent la relation entre la nature et l'homme, leur interdépendance, la place des générations futures –et des enfants–, la nécessité de préserver la biosphère et une foultitude d'autres notions et nécessités, qui ressortent de tout ce que les écologistes ont imaginé comme «modèle de vie alternative»: la critique de la technique (Jacques Ellul, Ivan Illich), la réinvention des modes de production et de consommation (André Gorz, René Dumont), la prise en compte de la psychologie collective et de la communication (Serge Moscovici, Thierry Libaert)... À ce jour, ces belles inventions et ces idées de l'écologisme sont restées lettre morte pour le grand public. Seule l'alarme a résonné dans les esprits, faisant des écologistes des messagers inquiétants, mais de piètres communicants (Bruno Latour).

3. Serge Moscovici et Erwan Lecœur, «Créer une nouvelle forme de vie», *Multitudes*, vol. 24, n° 1, 2006, p. 29-39.

INSTITUT CITÉ ÉCOLOGIQUE

## Think tank

« Si elle veut exister par elle même, l'écologie politique ne doit pas se laisser définir par les autres », nous a prévenu Bruno Latour dans son dernier ouvrage[1]. Nous avons décidé de le prendre au mot ! Avec l'Institut Cité Écologique[2], créé pour contribuer à cette ambition, il s'agit de réunir les énergies, les visions, les thèmes de réflexion, les moyens de partage et de diffusion, les personnalités pour qui la société écologique est un idéal qu'il faut construire en marchant (vite), une part de la classe écologique potentiellement majoritaire qui doit prendre conscience de sa force.

Nous disons que l'écologie porte ce nouvel imaginaire politique, fondé sur la connaissance scientifique, qui nécessite de réinventer le projet de société en imbriquant au mieux les conquêtes sociales, démocratiques pour l'égalité, la liberté et les priorités liées à l'habitabilité de la Terre (l'interdépendance entre humains et non-humains, l'activité économique respectueuse des limites planétaires, la réappropriation des communs) afin de proposer un cadre de gouvernement radical, convaincant et efficace.

Nous sommes de ces acteurs qui veulent contribuer à définir, organiser, diffuser ce nouveau cadre de pensée et d'action et faire reconnaître une idéologie singulière et structurée à même d'emporter la bataille culturelle, pour mieux s'opposer aux dérives autoritaires, climaticides et inégalitaires. Décrire le monde où l'on souhaite vivre, de

1. Bruno Latour et Nicolaj Schultz, *Mémo sur la nouvelle classe écologique. Comment faire émerger une classe écologique consciente et fière d'elle-même*, La Découverte, 2022.
2. L'Institut Cité Écologique est le think tank de l'écologie politique issu du développement de l'association loi 1901 Convention pour une République écologique, qui a porté les premières réflexions et les numéros 1 à 3 de la revue *Propos*.

quoi on y dépend, ses territoires, ses valeurs, engager les luttes pour le faire advenir, identifier ses alliés, établir les transitions, repenser les échelles, participer aux mobilisations, enrichir les controverses, contribuer aux réseaux, construire les actions collectives, partager les connaissances, s'assembler pour renverser la table, redéfinir le pouvoir, c'est-à-dire contribuer à inventer l'offre politique qui répond au temps de l'Anthropocène, tel est le champ d'action choisi par l'Institut Cité Écologique, dont la revue *Propos pour une République écologique* est le vecteur éditorial.

***

## Conseil d'administration de l'Institut Cité Écologique



**Rejoignez-nous !**
**Pour découvrir et soutenir l'Institut Cité Écologique : www.cite-ecologique.org**

## Remerciements

L'Institut Cité Écologique et la revue *Propos* remercient toutes les personnalités, les auteurs et les autrices qui ont contribué à ce numéro, ainsi que celles et ceux participent depuis 2021 aux événements et à la rédaction :

**Auteurs – autrices (cycles de séminaires 2020-2024)**

Arié Alimi, Lisa Belluco, Esther Benbassa, Rachid Benzine, Benoît Biteau, Félix Blanc, Nathalie Blanc, Laure Bonnevie, Kassim Bouhou, Camille Bouko-Levy, Dominique Bourg, Daniel Breuiller, Valérie Cabanes, Céline Cael, Marine Calmet, Amélie Canone, Carolina Cerda-Guzman, Daniel Cueff, Céline Danion, Jean de Munck, Damien Deville, Meryem Deffairi, Claire Dehove, David Djaïz, Cécile Duflot, Patrick Farbiaz, David Flacher, Fabrice Flipo, Alain Fournier, Édouard Gaudot, Jérôme Gleizes, Guillaume Gontard, Sophie Gosselin, André Grimaldi, Olivier Hamant, Violaine Husson, Caroline Izambert, Isabelle Kersimon, Bruno Latour, Stéphane Lavignotte, Erwan Lecœur, Rémy Lefebvre, Claire Lejeune, Noël Mamère, Céline Marty, Valérie Masson-Delmotte, Dominique Méda, Philippe Meirieu, Léonore Moncond'huy, Nicolas Mulet, Anne Musson, Anne-Sophie Novel, Timothée Parrique, Magali Payen, Corine Pelluchon, Clémence Perronnet, Éric Piolle, Frédéric Pitaval, Marie Pochon, Laurent Reynaud, Chloé Ridel, Hélène Sanchez, Samuel Sauvage, Quentin Sauzay, Lucile Schmid, François Thiollet, Patrick Viveret, Marie Yared.

**Déjà parus :**

*Propos pour une République écologique,* n° 1, « Une République vivante, une République du Vivant », Les petits matins, 2021.

*Propos pour une République écologique,* n° 2, « Décider l'écologie, l'État écologique », Les petits matins, 2022.

*Propos pour une République écologique,* n° 3, « Écologie et pouvoir », Introduction de Bruno Latour, Les petits matins, 2022.

*Propos pour une République écologique,* n° 4, « La Révolution écologique de la République », Introduction de Valérie Masson-Delmotte, Les petits matins, 2023.

Achevé d'imprimer en juillet 2024 par Laballery (France)
Numéro d'impression : 406438
Dépôt légal : août 2024

IMPRIM'VERT
Votre imprimeur agit pour l'environnement